Rocío Cortés Grao
Juan Carlos Cortés López
Lucas Jódar Sánchez
Gema Orero Girol
Dolors Roselló Ferragud
Rafael J. Villanueva Micó

# BREVE MANUAL DE *MATHEMATICA*

Departamento de Matemática Aplicada

**UNIVERSIDAD POLITÉCNICA DE VALENCIA**

EDITORIAL UPV Ref.: 2003.470

Edita: EDITORIAL DE LA UPV
Camino de Vera, s/n
46071 VALENCIA
Tel.96-387 70 12
Fax 96-387 79 12

Imprime: REPROVAL, S.L.
Tel.96-369 22 72

Depósito Legal: V-2783-2003
ISBN: 84-9705-407-5

# Índice

Este *Breve Manual de Mathematica* consta de dos partes. La primera es la que realmente es introducción a *Mathematica*. La segunda es una reunión de todas aquellas cosas que nuestros alumnos quieren saber, y de hecho acaban preguntándonos, para hacer los problemas que les ponemos.

Algunas cosas aparecen repetidas. Otras, intencionadamente, están explicadas de forma diferente.

Dicen que lo breve y bueno es dos veces bueno. Nosotros lo hemos hecho breve. Nuestros alumnos nos dirán si es bueno.

Los autores
Valencia, Mayo 2003

# Introducción a *Mathematica*

## ¿Para qué se puede utilizar *Mathematica*?

Para tener una visión global de lo que es el programa *Mathematica*, explicaremos primero cuales son sus posibilidades.

*Mathematica* se puede usar como:

- **Una calculadora:** podemos hacer las mismas operaciones (y muchas más) que cualquier calculadora de bolsillo.
- **Un paquete con rutinas de cálculo numérico:** con *Mathematica* se pueden hacer muchas operaciones que requieran de funciones o procedimientos, como integración numérica o programación lineal, porque ya están implementadas.
- **Una calculadora simbólica:** *Mathematica* está diseñado para hacer operaciones de matemática infinita, es decir, como si las hicieramos nosotros, utilizando parámetros, sustituyendo una variable por otra, etc.
- **Una potente herramienta de cálculo simbólico:** *Mathematica* permite derivar, integrar, calcular límites, resolver ecuaciones diferenciales, hacer operaciones con funciones, etc.
- **Un paquete gráfico:** con *Mathematica* se puede dibujar gráficos y objetos de 2 y 3 dimensiones. Se puede cambiar el punto de vista, cambiar de coordenadas. También hace animaciones.
- **Un lenguaje de programación de alto nivel:** *Mathematica* incluye un lenguaje de programación que reduce significativamente el tiempo de implementación respecto a otros lenguajes, como C o Pascal.
- **Un sistema para crear documentos interactivos:** este documento que lees ahora, está escrito mediante *Mathematica*. Igual que éste, se pueden crear documentos en los cuales se incluya textos, gráficos, ejecuciones de funciones y algoritmos, animaciones, sonidos, etc.
- **Un sistema que puede integrarse con otros programas:** *Mathematica* permite que otros programas puedan comunicarse con él y enviarle instrucciones para que las ejecute, y devuelva la respuesta al programa que se la ha solicitado.

# Introducirse en *Mathematica*

*Mathematica* es un paquete de cálculo simbólico. Ésto significa que puede trabajar con números y con símbolos. *Mathematica* trabaja con operaciones exactas, siempre que no forcemos a que trabaje numéricamente o que el volumen de cálculos obligue a pasar a aritmética de punto flotante para que no se produzca un desbordamiento *(overflow)*.

## ■ El FrontEnd y el Kernel

*Mathematica* consta de dos partes, el *Kernel* (o núcleo) y el *FrontEnd*. El *FrontEnd* es la interface que vemos, en la cual escribimos nuestras instrucciones. El *FrontEnd* interpreta las instrucciones que escribimos y las envía al *Kernel*. Éste las ejecuta y retorna el resultado al *FrontEnd* para que nos lo traduzca y lo presente en un formato que nosotros entendamos.

El lenguaje que permite la comunicación entre el *FrontEnd* y el *Kernel* se llama *MathLink*.

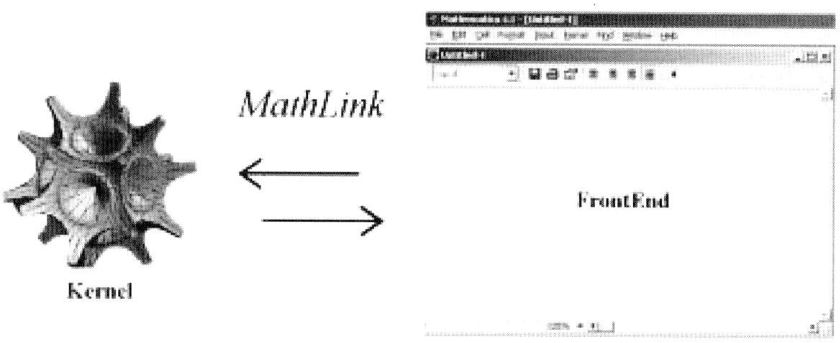


## ■ Notebooks y packages

Los *notebooks* son los ficheros en los cuales trabajamos con *Mathematica*. Estos ficheros tienen extensión **.nb**.

Los *packages* son ficheros de funciones específicas relacionadas de alguna manera. Por ejemplo, el directorio de *Mathematica Linear Algebra* contiene *packages* formados por funciones de álgebra lineal como *GaussianElimination*, *MatrixManipulation* o *Tridiagonal*. Cada uno de estos *packages* tiene funciones por el tratamiento de un aspecto del álgebra lineal. Estos ficheros tienen extensión **.m**. Para hacer uso, por ejemplo, de las funciones del *package Tridiagonal* que están en el directorio *Linear Algebra* se cargan con la instrucción siguiente:

```
<< LinearAlgebra`Tridiagonal`
```

o la siguiente:

```
Needs["LinearAlgebra`Tridiagonal`"]
```

Esta última instrucción tiene la ventaja de que si el *package* ya está cargado, no vuelve a cargarlo. Las comillas ` son el acento grave del teclado.

El símbolo **<<** se puede utilizar para cargar cualquier fichero con instrucciones de *Mathematica.* Por ejemplo, si queremos cargar un fichero de funciones definidas por nosotros que se llama *FuncMias.nb* y que está en el directorio *c:\math*, tendremos que escribir la instrucción:

```
<< c:\math\FuncMias.nb
```

## ■ Celdas

Las celdas son agrupaciones mínimas de información dentro del *notebook*. Las celdas son diferentes, dependiendo de su contenido.

Si son de línea sencilla con un triángulo en la parte superior, son ejecutables.

Si son de líneas dobles, es que está ejecutándose.

Si en la parte superior hay una pequeña raya doble transversal, es una celda que no podrá ejecutarse porque contiene texto o una imagen.

Si en el canto superior hay un triángulo y una raya, es una celda de respuesta a una ejecución.

## ■ Las paletas

Las paletas son *notebooks* que facilitan la escritura de instrucciones con símbolos matemáticos. Las paletas predefinidas de *Mathematica* se pueden obtener desde el menú *File-Palettes*. El usuario también puede definirse sus propias paletas e integrarlas en *Mathematica*. En la siguiente figura aparece la paleta *Basic Input.*

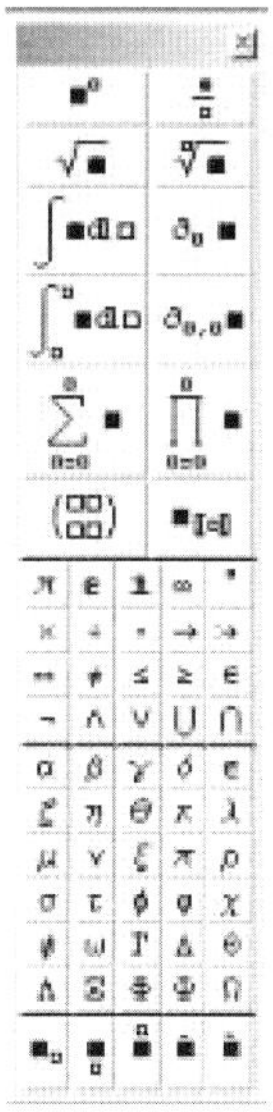

## ■ El botón derecho del ratón

El botón derecho del ratón activa un menú emergente con las acciones más comunes que se pueden realizar sobre la celda, como por ejemplo, copiar, pegar, evaluar, cambiar la celda de formato, etc.

## ■ Los menús

Los menús de *Mathematica*, como los de cualquier programa Windows, aparecen en la parte superior. Los menús de que consta *Mathematica* son:

- **File:** Con este menú podremos hacer las acciones clásicas de cualquier programa Windows en el mismo menú, es decir, crear ficheros nuevos (*New*), abrir ficheros (*Open...*), cerrar ficheros (*Close*), guardarlos (*Save* y *Save As...*), enviarlos por correo electrónico (*Sent To*), imprimirlos (*Print...*), salir del programa (*Exit*). Además, podremos gestionar las paletas de *Mathematica*.
- **Edit:** Con este menú podremos deshacer (*Undo*), cortar (*Cut*), copiar (*Copy*), pegar (*Paste*), borrar (*Clear*), y otras acciones de edición y traducción de entre los diversos formatos que gestiona *Mathematica*.
- **Cell:** Debido a que *Mathematica* se divide en celdas, se necesita un menú que nos permita gestionar las celdas, asignarles propiedades, unirlas, agruparlas, dividirlas, etc. Asimismo, este menú puede hacer acciones sobre imágenes, gráficos y sonidos.
- **Format:** Aquí podemos cambiar el formato de las celdas. Fuentes, tipos de letras, cabeceras, estilo del *notebook*, etc. También podemos cambiar la apariencia del área de trabajo, y ponerle una barra de herramientas en la cabecera del *notebook*, hacer que la letra aparezca más grande, o que muestre los saltos de página para saber como quedará el escrito cuando se imprima.
- **Input:** Este menú es un cajón de sastre, porque tiene lo que no cabe poner en otros menús. Aquí se gestionan los objectos 3D y sonidos, se crean botones y paletas, etc.
- **Kernel:** Aquí gestionaremos todo lo que tiene que ver con la conexión entre el *FrontEnd* y el *Kernel*. Conectarlo, desconectarlo, configurar la conexión, ejecutar instrucciones, interrumpirlas, abortarlas. Asimismo, se puede quitar/poner las etiquetas *In[]* y *Out[]* de las instrucciones ejecutadas y borrar todas las salidas (*Out[]*) del *notebook*.
- **Find:** Con este menú tenemos todas las opciones posibles para buscar, encontrar y reemplazar texto.
- **Window:** Menú típico de un programa Windows para organizar las ventanas, y seleccionar la deseada.
- **Help:** Aquí podemos acceder a todas las opciones de la ayuda. La ayuda ha mejorado mucho desde la versión 3.0, y permite editar y cambiar los ejemplos y ejecutarlos dentro de la misma ayuda. Es una de las mejores ayudas que hemos visto en un programa Windows y recomendamos que se use por su funcionalidad y las facilitades que tiene para buscar, por lo bien estucturada que está y la gran cantidad de ejemplos modificables que contiene.

## ■ Cómo comenzamos a escribir

Para comenzar a escribir, conviene situarse con el ratón en una zona del *notebook* donde el puntero del ratón se ponga horizontal. Estos sitios pueden ser entre dos celdas o después de la última celda.

Una vez el puntero del ratón esté horizontal, pinchamos y aparecerá una recta horizontal y ya podremos escribir.

## ■ Cómo ejecutamos una instrucción

*Mathematica* es un programa que para ejecutar una celda se necesita estar situado dentro de ella o tenerla seleccionada, y pulsar la combinación de teclas **<Shift + Enter>** o **<Mayúsculas + Intro>** (en la figura, combinación de teclas más oscuras) o simplemente la tecla **<Intro>** del teclado numérico.

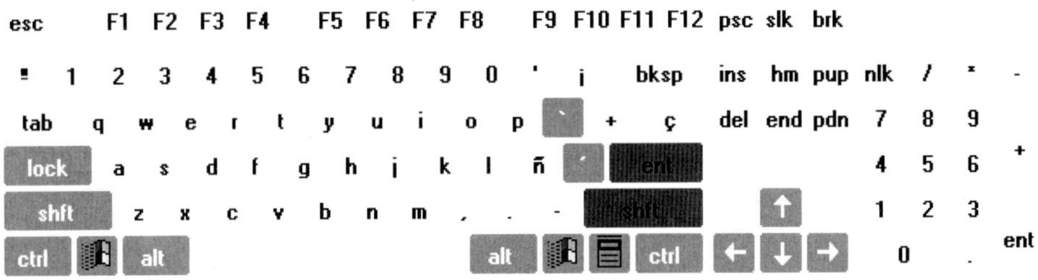


## ■ Mayúsculas y minúsculas

Es importante resaltar que *Mathematica* distingue entre mayúsculas y minúsculas. Es decir, no es la misma función o variable "CASA", que "CaSa", que "casa". En cualquiera de los casos, cuando se evalúa una celda, automáticamente *Mathematica* detecta si hay variables o nombres de funciones parecidas y muestra un mensaje de advertencia (General::spelling).

## ■ El punto y coma (;)

En *Mathematica* el punto y coma tiene diversos usos:

- **Separar instrucciones dentro de un programa o procedimento.** Por ejemplo, la función siguiente calcula para cada x, el seno de x y tanto x como el seno de x se muestra por pantalla.

```
f[x_] := Module[{aux},
              aux = Sin[x];
              Print["Para el valor ", x, ", el seno vale ", aux, "."]]
f[π]
Para el valor π, el seno vale 0.
```

- **Evitar respuestas (*Out[]*) de *Mathematica* que no son interesantes o que no son relevantes.** Ésto puede pasar cuando definimos una variable o hacemos cálculos muy grandes que después usaremos pero que no tenemos interés de visualizarlos. Hemos de tener en cuenta que la visualización de resultados largos es una de las cosas que más memoria del sistema consume. Veamos unos ejemplos. Primero cuando no usamos el punto y coma,

```
variable = {1, 2, 3}
{1, 2, 3}
```

mientras que si usamos el punto y coma

```
variable = {1, 2, 3};
```

Aquí la variable la hemos definido nosotros, por tanto no necesitamos que *Mathematica* nos responda con el valor de la variable.

## ■ Comentarios

En *Mathematica* los comentarios se escriben entre `(* comentario *)`. Por ejemplo,

```
g[x_] := Sin[x] (* Definimos la función g[x] como el seno de x *)
```

Cuando se ejecute la instrucción, lo que está dentro de `(*  *)` no se evalúa.

## ■ ? i ??

Pese a que ya hemos hablado de la ayuda (*Help*) de *Mathematica*, hay otras maneras de obtener información de una función, como son las instrucciones `?` y `??` Las dos tienen la ventaja de que podemos usar caracteres comodines. A continuación veremos diversos ejemplos para aclarar su funcionamiento.

`?` puede ayudarnos a localizar funciones con un patrón. Por ejemplo, la instrucción siguiente nos dará todas las funciones que tiene *Mathematica* y que comienzan por la palabra *Graphics*.

```
?Graphics*

Graphics          GraphicsArray     GraphicsGrouping
Graphics3D        GraphicsData      GraphicsSpacing
```

Con `?` también podemos obtener información sobre la definición de una función. Por ejemplo, de la funció *Graphics3D*

```
?Graphics3D
Graphics3D[primitives, options]
  represents a three-dimensional graphical image.
```

`??` hace lo mismo que `?` pero obtenemos mucha más información sobre la función. Por ejemplo,

```
?? Graphics3D

Graphics3D[primitives, options]
  represents a three-dimensional graphical image.

Attributes[Graphics3D] = {Protected, ReadProtected}

Options[Graphics3D] =
 {AmbientLight → GrayLevel[0], AspectRatio → Automatic, Axes → False,
  AxesEdge → Automatic, AxesLabel → None, AxesStyle → Automatic,
  Background → Automatic, Boxed → True, BoxRatios → Automatic,
  BoxStyle → Automatic, ColorOutput → Automatic, DefaultColor → Automatic,
  Epilog → {}, FaceGrids → None, ImageSize → Automatic,
  Lighting → True, LightSources → {{{1., 0., 1.}, RGBColor[1, 0, 0]},
    {{1., 1., 1.}, RGBColor[0, 1, 0]}, {{0., 1., 1.}, RGBColor[0, 0, 1]}},
  Plot3Matrix → Automatic, PlotLabel → None, PlotRange → Automatic,
  PlotRegion → Automatic, PolygonIntersections → True,
  Prolog → {}, RenderAll → True, Shading → True,
  SphericalRegion → False, Ticks → Automatic, ViewCenter → Automatic,
  ViewPoint → {1.3, -2.4, 2.}, ViewVertical → {0., 0., 1.},
  DefaultFont :→ $DefaultFont, DisplayFunction :→ $DisplayFunction,
  FormatType :→ $FormatType, TextStyle :→ $TextStyle}
```

## ■ Operaciones básicas: suma, resta, multiplicación y división

En *Mathematica*, cuando estamos trabajando con números, la suma se hace con el signo +, la resta con el signo -, la multiplicación con * (¡y no con ., que está reservado para multiplicar matrices!) o un espacio en blanco, y la división con /. Veamos unos ejemplos.

```
2 + 3

5

2 - 3

-1

2 * 3

6

2 3

6

2 / 3
```

$\frac{2}{3}$

Como es costumbre, en caso de combinar estas funciones conviene tener en cuenta las procedencias de las operaciones y utilizar los paréntesis cuando haga falta.

## ■ Print

La función `Print[]` es la que nos permite sacar resultados con formato. Esta función no presenta más que la salida de datos solicitados. Veamos algunos ejemplos.

```
Print["Esto es una prueba."];

x = 3;
Print["El doble de ", x, " es ", 2 x,
      ", y su coseno es ", Cos[x], "."]
Esto es una prueba.
El doble de 3 es 6, y su coseno es Cos[3].
```

## ■ Definición normal y definición diferida

*Mathematica* tiene dos formas de asignar y/o definir variables y funciones, que llamaremos normal y otra denominada diferida. En la normal, por ejemplo,

```
x = 3 * 4 + 2 - 4 * y;
```

*Mathematica* calcula la expresión del miembro de la derecha y la asigna a la variable *x*. En la diferida, por ejemplo,

```
x := 3 * 4 + 2 - 4 * y;
```

el cálculo del miembro de la derecha no se hace hasta que no necesitemos hacer operaciones con *x*. Veamos un ejemplo donde se muestra la diferencia entre las dos definiciones. Asignemos el valor 3 a la variable *b* y calculemos qué vale *xNormal* y *xDiferida*.

```
b = 4;
xNormal = 1 + b;
xDiferida := 1 + b;

Print["xNormal = ", xNormal];
Print["xDiferida = ", xDiferida];
xNormal = 5
xDiferida = 5
```

Ahora cambiemos el valor de *b* y volvamos a evaluar *xNormal* y *xDiferida*.

```
b = 6;
Print["xNormal = ", xNormal];
Print["xDiferida = ", xDiferida];
xNormal = 5
xDiferida = 7
```

Como se puede apreciar, los resultados son diferentes debido a que la definición diferida se recalcula cada vez que se llama a la variable y de esta manera incluye cualquier cambio en las variables que componen la definición, en este caso, de *xDiferida*.

## ■ La función N

Anteriormente, indicamos que *Mathematica* es un paquete de cálculo simbólico, y por tanto trabaja de forma simbólica. Eso quiere decir que no trabaja con decimales si no es necesario (cálculos muy grandes) o si nosotros no lo forzamos. Una manera de forzarlo es utilizando la función `N[]`. La función `N[]` da una aproximación decimal de un valor exacto. Por ejemplo, para obtener una aproximación del número $\pi$, debemos escribir

```
N[π]
3.14159
```

Por defecto, *Mathematica* suele mostrar 5 ó 6 cifras decimales. Para mostrar más, tan sólo hemos de decírselo a la función `N[]`. Para obtener 30 decimales de $\pi$:

```
N[π, 30]
3.14159265358979323846264338328
```

## ■ Notación normal y postfija

En *Mathematica* hay dos maneras de escribir una instrucción para ejecutarla después. De forma normal, por ejemplo

```
N[√2]
1.41421
```

o de forma postfija, por ejemplo

```
√2 // N
1.41421
```

Ésto tan sólo es válido cuando apliquemos la función a un único argumento.

## ■ Funciones Clear y Remove

*Mathematica* guarda durante la sesión todos aquellos que se ha ido efectuando. Por tanto, es fácil utilizar como argumento de una función una variable que hemos definido previamente y eso conlleva a cálculos erróneos. Para poder corregir estos errores, disponemos de dos funciones, `Clear[]` y `Remove[]`.

`Clear[]` limpia los valores y las definiciones de los símbolos que aparecen dentro de `[]`.

`Remove[]` elimina las variables y funciones de los símbolos que aparecen dentro de `[]` hasta el punto de que *Mathematica* ya no los reconoce más.

Las dos funciones admiten caracteres comodín. Veamos algunos ejemplos:

```
a = 34
Clear[a];
?a

34

Global`a
```

Para `Clear[]`, *Mathematica* entiende que tiene una variable en el sistema que se llama *a*, pero que no contiene ningún valor, aunque al principio lo hemos definido como 34.

```
a = 34
Remove[a];
?a

34

Information::notfound : Symbol a not found.
```

Para `Remove[]`, *Mathematica* no sabe a qué nos referimos cuando le preguntamos sobre la variable *a*.

En el siguiente ejemplo, *Mathematica* limpiará (`Clear[]`) todas las variables de la sesión que comienzan por la letra a.

```
Clear["a*"];
```

y en el siguiente, *Mathematica* limpiará todas las variables de la sesión que contengan la letra b,

```
Clear["*b*"];
```

y finalmente, en el siguiente, *Mathematica* limpiará todas las variables.

```
Clear["*"];
```

## ■ Matemáticas en *Mathematica*

En las últimas versiones de *Mathematica* se ha cuidado que las instrucciones que se escriban sean lo más parecido a las expresiones matemáticas reales, y de esta manera, se consigue que enseñar *Mathematica* sea cada vez más fácil.

Para ayudarnos en esta empresa, se ha incluido en *Mathematica* las paletas. Por ejemplo, con la paleta *Basic Input* que hemos mostrado anteriormente podemos escribir la mayoría de los símbolos que necesitamos. Pero hay otros con símbolos más específicos, o con diversos tipos de letras, o con funciones de simplificación de polinomios, etc.

Para usar un símbolo o función de una paleta, siempre hemos de hacer lo mismo, pinchar en la paleta y rellenar el cuadrado que nos aparece. Por ejemplo, para escribir (y después calcular) $\int \frac{x^2}{2} dx$ tendremos que pinchar en el icono

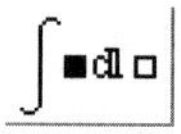

y aparecerá en el *notebook*

$$\int \square \, d\square$$

Rellenando los cuadrados

$$\int x \, dx$$

seleccionamos la primera x, pinchamos sobre el icono

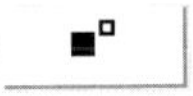

y aparecerá

$$\int x^{\square} \, dx$$

Rellenamos con un 2 el cuadrado del exponente de x, seleccionamos $x^2$ y pinchamos sobre el icono

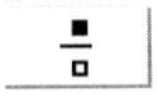

y aparecerá

$$\int \frac{x^2}{\square} \, dx$$

Rellenando el cuadro del denominador con un 2, tendremos:

$$\int \frac{x^2}{2} \, dx$$

$$\frac{x^3}{6}$$

# Aritmética básica

## ■ Clases de números

*Mathematica* nos permite trabajar con toda clase de números conocidos, enteros,

$2^{400}$

258224987808690858965591917200301187432970579282922351283065935654064762\
2016841194629645353280137831435903171972747493376

números racionales,

$$\frac{1}{2}\left(\frac{2}{3}-\frac{3}{5}\right)5$$

$$\frac{1}{6}$$

irracionales (que se trata simbólicamente, si no decimos lo contario),

$$\sqrt{2}$$

$$\sqrt{2}$$

y complejos

$$\frac{(2-3\,I)\,(1-I)}{-1+2\,I}$$

$$-\frac{9}{5}+\frac{7\,i}{5}$$

donde *i* es la unidad imaginaria.

## ■ Diferentes precisiones en el cálculo

Cuando hemos hablado de la función `N[]` hemos dicho que *Mathematica* trabaja simbólicamente (o en precisión infinita, como también se dice) si no es que tenga que hacer cálculos muy grandes o lo forcemos a trabajar no simbólicamente, sino numéricamente. Una manera de forzarlo es usar la función `N[]`. Ahora veremos otras formas.

En este primer ejemplo, calcularemos de manera exacta (simbólica) una suma de fracciones

$$\frac{3}{4}+\frac{2}{3}+\frac{1}{2}$$

$$\frac{23}{12}$$

Y el resultado es exacto y simplificado. El siguiente ejemplo es igual a la anterior, pero hemos cambiado $\frac{1}{2}$ por 0.5, que es una forma de forzarlo para que nos devuelva un resultado numérico

$$\frac{3}{4}+\frac{2}{3}+0.5$$

1.91667

Recordemos que con la función `N[]` podemos obtener valores aproximados de números y resultados de operaciones con los decimales que queramos, por ejemplo

$$N\left[\sqrt{2}\right]$$

$$N\left[2\sqrt{2},\,50\right]$$

1.41421

2.8284271247461900976033774484193961571393437507539

Una instrucción de interés es la función `Chop[]` que reemplaza valores reales cerca del cero por el cero con una tolerancia de $10^{-10}$. Esta instrucción és muy útil cuando se trabaja con números, porque siempre hay valores pequeños que si se eliminan facilitan los cálculos.

Por ejemplo, el siguiente cálculo da una parte imagiaria muy pequeña

```
valor = Exp[N[2 π ⅈ]]
```

$1. - 2.44921 \times 10^{-16}\, i$

Podemos hacer desaparecer la parte imaginaria con `Chop[]`

```
Chop[valor]
```

1.

## ■ Definición de funciones

Las funciones en *Mathematica* tienen una estructura como la siguiente

```
NombredelaFunción[argumento1_, argumento2_, ..., argumentoN_] :=
 Operaciones con los argumentos.
```

La _ denota que la palabra a la cual acompaña es un argumento. Por ejemplo, definiremos la función $h(x) = x^2 + 1$,

```
h[x_] := x^2 + 1
```

De esta manera podremos evaluar la función *h* en el punto que queramos,

```
h[1]
h[y]
h[Sin[x^3 - 8]]
```

2

$1 + y^2$

$1 + \text{Sin}[8 - x^3]^2$

Aunque se puedan definir funciones de manera normal y de manera diferida, nosotros siempre lo haremos de manera diferida porque es la manera más natural.

Las funciones se pueden unir y combinar en la misma instrucción, por ejemplo

```
ⅇ^Sin[h[5]] // N
```

2.14375

## ■ Algunas funciones

Vamos a realizar un pequeño listado de funciones conocidas y su sintáxis con *Mathematica.* Por ejemplo:

- polinomios

```
p[x_] := x^3 + 2 x^2 - 3 x + 7
```

- funciones racionales (cociente de polinomios)

$$q[x\_] := \frac{x^3 + 2 x^2 - 3 x + 7}{x^4 - 5 x - 1}$$

- funciones irracionales

```
i[x_] := ∛((x³ + 2 x² - 3 x + 7)/(x⁴ - 5 x - 1))
```

$$i[x\_] := \sqrt[3]{\frac{x^3 + 2x^2 - 3x + 7}{x^4 - 5x - 1}}$$

- funciones trigonométricas: muchas de éstas ya vienen definidas en *Mathematica*, como el seno, coseno y la tangente

```
Sin[x]
Cos[x]
Tan[x]
```

- funciones exponenciales: la de base $e$

$e^x$

Y de otras bases, 2, 10 etc.

$2^x$

$10^x$

- funciones logarítmicas: neperiano o natural

```
Log[x]
```

Y de otras bases, 2, 10, etc., aunque se reducen fácilmente a un logaritmo neperiano, como se puede ver

```
Log[2, x]
```

$\frac{\text{Log}[x]}{\text{Log}[2]}$

```
Log[10, x]
```

$\frac{\text{Log}[x]}{\text{Log}[10]}$

## Listas en *Mathematica*

Una lista es una relación de expresiones separadas por comas y entre llaves. Por ejemplo,

```
lista = {2, x, π, 8 + 2 I};
```

Las listas son muy importantes en *Mathematica*. Internamente, casi todas las funciones trabajan con listas que después se transforman para el usuario en expressiones que podemos leer. Además, conviene tener en cuenta que los vectores son listas y las matrices, una lista de listas.

En *Mathematica* hay muchas funciones que tienen el atributo de ser listables, es decir, que se pueden aplicar a una lista de manera que se obtiene una lista donde cada elemento es el valor de la función aplicada a cada elemento de la lista original. Por ejemplo, si queremos aplicar la función seno a la lista llamada *lista* definida anteriormente.

```
Sin[lista]
{Sin[2], Sin[x], 0, Sin[8 + 2 i]}
```

La función `Length[]` aplicada a una lista nos devuelve el número de elementos que tiene la lista, por ejemplo

```
Length[lista]
4
```

También se pueden hacer operaciones básicas con dos listas. Definimos dos listas

```
lista1 = {a, b, c, d, e, f};
lista2 = {b, c, g, h};
```

La función `Complement[]` devuelve los elementos de la *lista1* que no están en la *lista2*.

```
Complement[lista1, lista2]
{a, d, e, f}
```

Ahora calculamos la intersección de las dos listas, es decir, aquellos elementos que están en las dos listas al mismo tiempo.

```
Intersection[lista1, lista2]
{b, c}
```

o también

```
lista1 ∩ lista2
{6, c}
```

Ahora calcularemos la unión de las dos listas, los elementos que están en una o en otra lista, sin repeticiones.

```
Union[lista1, lista2]
{a, b, c, d, e, f, g, h}
```

o también

```
lista1 ∪ lista2
{a, b, c, d, e, f, g, h}
```

La función `Join[]` junta las dos listas. Es como la función `Union[]` (∪), pero aparecen las repeticiones.

```
Join[lista1, lista2]
{a, 6, c, d, e, f, 6, c, g, h}
```

# Álgebra lineal

## ■ Construcción de vectores y matrices

Como hemos dicho antes, en *Mathematica* un vector es una lista y una matriz es una lista dónde cada elemento es una lista. Veremos dos ejemplos. En el primero definimos la variable *v* com una lista de 3 elementos

```
v = {1, x - 1, x^2 + 1};
```

En el segundo, tenemos una lista de 3 elementos que cada uno es una lista de 3 elementos. Por tanto, es una matriz $3 \times 3$

```
m = {{1, 2, 0}, {0, -1, 1}, {3, 1, 1}};
```

Estamos acostumbrados a ver las matrices arregladas como cajas de números, no como listas de listas. Por esta razón *Mathematica* incorpora la función `MatrixForm[]` que permite ver la matriz en forma de caja. Conviene decir que esta función no devuelve nada, sólo es una función de formato, por tanto es inútil hacer una asignación del tipo `m=MatrixForm[mat]` porque *m* no guardará nada.

```
MatrixForm[m]
```

$$\begin{pmatrix} 1 & 2 & 0 \\ 0 & -1 & 1 \\ 3 & 1 & 1 \end{pmatrix}$$

La función `Dimensions[]` devuelve una lista con la dimensión del vector o matriz que haya en el argumento. Dos ejemplos.

```
Dimensions[v]
```

{3}

*v* es un vector de 3 componentes.

```
Dimensions[m]
```

{3, 3}

*m* es una matriz $3 \times 3$. Obsérvese que `Dimensions[]` es diferente de `Length[]`

```
Length[v]
Length[m]
```

3

3

Para `Length[]`, *m* también tiene 3 elementos (una lista con 3 elementos). La siguiente instrucción nos devolverá la primera fila de la matriz *m*

```
m[[1]]
{1, 2, 0}
```

Con la siguiente instrucción obtendremos el elemento {1,1} de la matriz *m*

```
m[[1, 1]]
1
```

La función `Table[]` está diseñada para generar de manera fácil vectores y matrices en las cuales los elementos siguen un patrón. Veamos un ejemplo de vectores en que obtendremos una lista donde los elementos son de la forma $2^k$ para $k = 0, 1, 2, 3, 4, 5$

```
Table[2^k, {k, 0, 5}]
{1, 2, 4, 8, 16, 32}
```

En el siguiente ejemplo obtendremos una matriz en la que sus elementos son de la forma $x^n y^m$ para $n = 0, 1, 2, 3$ y para $m = 0, 1, 2$

```
Table[x^n y^m, {n, 0, 3}, {m, 0, 2}]
{{1, y, y^2}, {x, x y, x y^2}, {x^2, x^2 y, x^2 y^2}, {x^3, x^3 y, x^3 y^2}}
```

Podremos generar matrices diagonales con la función `DiagonalMatrix[];` por ejemplo,

```
DiagonalMatrix[{π, π/2, π/4}]
{{π, 0, 0}, {0, π/2, 0}, {0, 0, π/4}}
```

y matrices identidades con la función `IdentityMatrix[];` por ejemplo la de orden 2,

```
IdentityMatrix[2]
{{1, 0}, {0, 1}}
```

## ■ Combinaciones lineales de vectores y productos de matrices

Para multiplicar un escalar por un vector usaremos el símbolo `*`, mientras que para multiplicar matrices haremos uso del `.` (punto). Veamos primero un ejemplo de combinación lineal. Multiplicamos el escalar *c* por el vector {*x*, *y*} y lo sumamos al producto del escalar *d* por el vector {*s*, *t*}

```
c * {x, y} + d * {s, t}
{d s + c x, d t + c y}
```

Ahora multiplicamos dos vectores (producto escalar)

```
{x, y}.{s, t}
s x + t y
```

A continuación, haremos el producto de una matriz por un vector. Primero definiremos la matriz y el vector, y después los multiplicaremos

```
Clear[a, b, c];
M = {{1, 2, 0}, {2, 0, -1}};
V = {a, b, c};
M.V
```

```
{a + 2 b, 2 a - c}
```

Con *Mathematica* podemos hacer muchas otras operaciones con matrices, como calcular la traspuesta,

```
Transpose[{{x, y, z}, {a, b, c}}] // MatrixForm
```

$$\begin{pmatrix} x & a \\ y & b \\ z & c \end{pmatrix}$$

calcular el determinante de una matriz cuadrada,

```
n = {{1, 3, 4}, {-1, 0, 1}, {1, 3, -1}};
Det[n]
```

```
-15
```

calcular su inversa

```
m = Inverse[n];
MatrixForm[m]
```

$$\begin{pmatrix} \frac{1}{5} & -1 & -\frac{1}{5} \\ 0 & \frac{1}{3} & \frac{1}{3} \\ \frac{1}{5} & 0 & -\frac{1}{5} \end{pmatrix}$$

y comprobar que, efectivamente, es la inversa multiplicándolas

```
n.m // MatrixForm
```

$$\begin{pmatrix} 1 & 0 & 0 \\ 0 & 1 & 0 \\ 0 & 0 & 1 \end{pmatrix}$$

## ■ Sistemas de ecuaciones

Aparte de calcular la inversa de una matriz para resolver un sistema de ecuaciones lineales, hay otras formas y *Mathematica* nos las ofrece, como es la función `LinearSolve[]`. Si queremos resolver el sistema $m\,x = b$ donde

```
m = {{1, 2, -1}, {2, 3, 1}, {0, -2, 1}};
b = {1, 1, -2};
```

la siguiente función nos da la solución usando la eliminación gaussiana

```
LinearSolve[m, b]
```

```
{-1, 1, 0}
```

Comprobamos que por el método del cálculo de la inversa obtenemos el mismo resultado

```
Inverse[m].b
{-1, 1, 0}
```

## ■ Valores y vectores propios

Los valores propios de una matriz cuadrada son las raíces del polinomio característico de esa matriz. El polinomio característico de una matriz $A$ se calcula como $\det(A - \lambda I)$, donde $\lambda$ es un parámetro e $I$ es la matriz identidad del mismo tamaño que $A$. Con *Mathematica*

```
A = {{3, 1, 0}, {2, 2, 0}, {1, 0, 1}};
polCar = Det[A - λ * IdentityMatrix[3]]
4 - 9 λ + 6 λ^2 - λ^3
```

Como las raíces del polinomio característico son los valores propios, las calculamos mediante la instrucción `Solve[]` (esta instrucción se explicará con detalle más adelante)

```
Solve[polCar == 0, λ]
{{λ → 1}, {λ → 1}, {λ → 4}}
```

La función `Eigenvalues[]` calcula los valores propios de una matriz cuadrada. Por ejemplo:

```
n = {{3, 1, 0}, {2, 2, 0}, {1, 0, 1}};
Eigenvalues[n]
{1, 1, 4}
```

La función `Eigenvectors[]` calcula los vectores propios asociados a los valores propios de la matriz. Por ejemplo:

```
Eigenvectors[n]
{{0, 0, 1}, {0, 0, 0}, {3, 3, 1}}
```

Hay ocasiones en las que queremos calcular al mismo tiempo los valores y los vectores propios, conocer qué vectores van asociados a qué valores propios, cuál es la matriz diagonal y cuál la matriz de paso. Es decir, diagonalizar la matriz.

Todo esto podemos hacerlo con la función `Eigensystem[]`, que devuelve una lista *{valores,vectores}* de valores propios y vectores propios asociados y ordenados. Por ejemplo,

```
Eigensystem[n]
{{1, 1, 4}, {{0, 0, 1}, {0, 0, 0}, {3, 3, 1}}}
```

Que quiere decir que los valores propios son 1 (doble) y 4. Asociado al 1 tenemos el vector propio $(0, 0, 1)$ (el (0,0,0) no es libre y por tanto no cuenta). Y asociado al 4 está el vector $(3, 3, 1)$.

Como hemos dicho antes, con `Eigensystem[]` podemos diagonalizar una matriz. Veamos un ejemplo

```
m4 = N[(1 2 3 2
        5 3 1 8
        6 2 8 9
        4 2 1 7)];

{valorProp, vectorProp} = Eigensystem[m4];
```

Los valores propios dan la forma diagonal

```
matDiag = Chop[DiagonalMatrix[valorProp]];
MatrixForm[matDiag]
```

| | | | |
|---|---|---|---|
| 14.9901 | 0 | 0 | 0 |
| 0 | 4.72699 | 0 | 0 |
| 0 | 0 | -1.27955 | 0 |
| 0 | 0 | 0 | 0.562502 |

Los vectores propios por columnas son la matriz de paso

```
matP = Transpose[vectorProp];
MatrixForm[matP]
```

| | | | |
|---|---|---|---|
| -0.278736 | -0.217944 | -0.847457 | -0.713683 |
| -0.411127 | 0.454619 | 0.407251 | -0.406348 |
| -0.797578 | -0.796445 | 0.179532 | -0.00537884 |
| -0.342272 | 0.333911 | 0.289363 | 0.570534 |

Comprobamos la diagonalización

```
Chop[Inverse[matP].m4.matP] // MatrixForm
```

| | | | |
|---|---|---|---|
| 14.9901 | 0 | 0 | 0 |
| 0 | 4.72699 | 0 | 0 |
| 0 | 0 | -1.27955 | 0 |
| 0 | 0 | 0 | 0.562502 |

## ■ Potencias y exponencial de una matriz

Para calcular potencias de una matriz, se utiliza `MatrixPower[]`. A esta instrucción hay que ponerle dos parámetros, la matriz y la potencia a la que queremos elevarla. Veamos un ejemplo

```
A = (1 2 3 2
     5 3 1 8
     6 2 8 9
     4 2 1 7);

Print["A³ = ", MatrixPower[A, 3] // MatrixForm]
```

$A^3$ =

| | | | |
|---|---|---|---|
| 549 | 308 | 436 | 910 |
| 843 | 493 | 582 | 1411 |
| 1570 | 868 | 1259 | 2594 |
| 700 | 408 | 488 | 1171 |

Para calcular la exponencial de una matriz, la función que se utiliza es `MatrixExp[]`. Veamos un ejemplo

$$B = \begin{pmatrix} 1 & 0 & 0 \\ 0 & 2 & 1 \\ 2 & 0 & 0 \end{pmatrix};$$

```
Print["e^B = ", MatrixExp[B] // MatrixForm]
```

$$e^B = \begin{pmatrix} e & 0 & 0 \\ 1 - 2e + e^2 & e^2 & -\frac{1}{2} + \frac{e^2}{2} \\ -2 + 2e & 0 & 1 \end{pmatrix}$$

## Resolución de ecuaciones

*Mathematica* tiene las funciones `Solve[]` y `NSolve[]` para resolver ecuaciones. `Solve[]` sirve para obtener soluciones exactas y `NSolve[]` para obtener soluciones numéricas. La sintaxis es

`Solve[eqns, vars]` resuelve la ecuación *eqns* para las variables *vars*.

Para `NSolve[]` es la misma sintaxis. Veamos algunos ejemplos. Obsérvese que la igualdad de la ecuación se hace con == (dos iguales)

```
Solve[x^3 - 3 x^2 - x == 0, x]
```

$$\left\{\{x \to 0\}, \left\{x \to \frac{1}{2}\left(3 - \sqrt{13}\right)\right\}, \left\{x \to \frac{1}{2}\left(3 + \sqrt{13}\right)\right\}\right\}$$

```
NSolve[x^3 - 3 x^2 - x == 0, x]
{{x → -0.302776}, {x → 0.}, {x → 3.30278}}
```

```
Solve[Sin[x] Cos[x] == 0, x]
Solve::ifun : Inverse functions are being
   used by Solve, so some solutions may not be found.
```

$$\left\{\{x \to 0\}, \left\{x \to -\frac{\pi}{2}\right\}, \left\{x \to \frac{\pi}{2}\right\}\right\}$$

En este último ejemplo, *Mathematica* nos avisa que no puede calcular inversas de las funciones que aparecen en la ecuación y que puede ser, por eso, que no aparezcan todas las soluciones, o que las obtenidas no sean correctas.

También podemos usar estas funciones para resolver sistemas de ecuaciones. Obsérvese que el sistema de ecuaciones está entre llaves

$$\text{Solve}\left[\left\{x + \sqrt{y} == 1,\ (x+y)^2 == y\right\}, \{x, y\}\right]$$

```
{{y → -1, x → 1 - i}, {y → 1, x → 0}}
```

```
NSolve[{x^2 + y^2 == 1, x^2 == y}, {x, y}]
{{y → -1.61803, x → 1.27202 i}, {y → -1.61803, x → -1.27202 i},
 {y → 0.618034, x → -0.786151}, {y → 0.618034, x → 0.786151}}
```

```
Solve[{(x + y)^3 == 1, (x + y)^2 == 1}, {x, y}]
Solve::svars :
 Equations may not give solutions for all "solve" variables.
{{x → 1 - y}}
```

En este último ejemplo, una ecuación es función de la otra. Por eso *Mathematica* nos contesta que la solución viene dada en función de la otra variable.

## Límites, derivadas e integración

### ■ Límites de funciones

Con *Mathematica* podemos calcular límites de funciones. Veamos unos ejemplos.

```
Limit[(x^2 + x - 2)/(x - 1), x → 1]
3
```

```
Limit[Tan[x]/x, x → 0]
1
```

```
Limit[ⅇ^x, x → ∞]
∞
```

La flecha → se consigue con `->`. *Mathematica* hace después la traducción.

### ■ Derivadas

*Mathematica* tiene dos formas (sintaxis) de calcular derivadas. Para verlo, definimos la función *f* como el seno de *x*,

```
f[x_] := Sin[x]
```

La primera manera de calcular la derivada es con `f'[]`

```
f'[x]
Cos[x]
```

y la segunda manera es con la función `D[]` incluyendo la variable respecto a la cual derivamos,

```
D[f[x], x]
Cos[x]
```

Asimismo, de forma directa podemos calcular la derivada de una función en un punto. En el siguiente ejemplo, calcularemos (sin tener que hacer el cálculo de la derivada previamente), $f'(\frac{\pi}{2})$.

```
f'[π/2]
```

0

## ■ Integrales

Con *Mathematica* podemos calcular primitivas de funciones

$$\int \frac{1}{(x-1)^2+4}\, dx$$

$$\frac{1}{2}\,\text{ArcTan}\left[\frac{1}{2}\,(-1+x)\right]$$

integrales definidas

$$\int_0^{\pi} \text{Sin}[x]\, dx$$

2

e integrales impropias

$$\int_0^{+\infty} e^{-x^2}\, dx$$

$$\frac{\sqrt{\pi}}{2}$$

# Ecuaciones diferenciales

Para resolver ecuaciones diferenciales *Mathematica* tiene la función `DSolve[]`. La sintaxis es

`DSolve[eqn, y, x]` reuelve la ecuación diferencial para la función *y* con la variable independiente *x*.

Veamos dos ejemplos:

```
DSolve[y'[x]-y[x]==0, y[x], x]
```

{{y[x] → e$^x$ C[1]}}

```
DSolve[x''[t]+x[t]==0, x[t], t]
```

{{x[t] → C[2] Cos[t] - C[1] Sin[t]}}

En los ejemplos anteriores, la solución depende de una constante debido a que no hemos incluido ninguna condición inicial. En los siguientes ejemplos la incluiremos. Obsérvese que las condiciones iniciales son una parte de la ecuación y que está entre llaves.

```
DSolve[{y'[x]-y[x]==0,
        y[0]==1}, y[x], x ]
{{y[x] → e^x}}
```

La ecuación anterior tiene una condición inicial porque es de orden 1. La que veeremos ahora tiene dos condiciones iniciales porque es de orden 2.

```
DSolve[{x''[t]-x'[t]-2x[t]==0,
        x[0]==0,
        x'[0]==1}, x[t], t]
```

$$\left\{\left\{x[t] \to \frac{1}{3} e^{-t} (-1 + e^{3t})\right\}\right\}$$

También se pueden resolver sistemas de ecuaciones diferenciales. Veamos un ejemplo

```
DSolve[ {x'[t] == y[t],
         y'[t] == x[t]}, {x[t], y[t]}, t ]
```

$$\left\{\left\{x[t] \to \frac{1}{2} e^{-t} (C[1] + e^{2t} C[1] - C[2] + e^{2t} C[2]),\right.\right.$$
$$\left.\left. y[t] \to \frac{1}{2} e^{-t} (-C[1] + e^{2t} C[1] + C[2] + e^{2t} C[2])\right\}\right\}$$

## Gráficas en 2D

La función que nos permite con *Mathematica* dibujar gráficas en dos dimensiones es `Plot[]`. Esta función tiene muchas opciones, alguna de las cuales estudiaremos. Comenzamos con un ejemplo sencillo. Dibujaremos la función $\mathrm{Sin}[x]^2 + 2\,x\,\mathrm{Cos}[x]$ en el intervalo $[-4\pi, 4\pi]$

```
Plot[Sin[x]^2 + 2 x Cos[x], {x, -4 π, 4 π}];
```

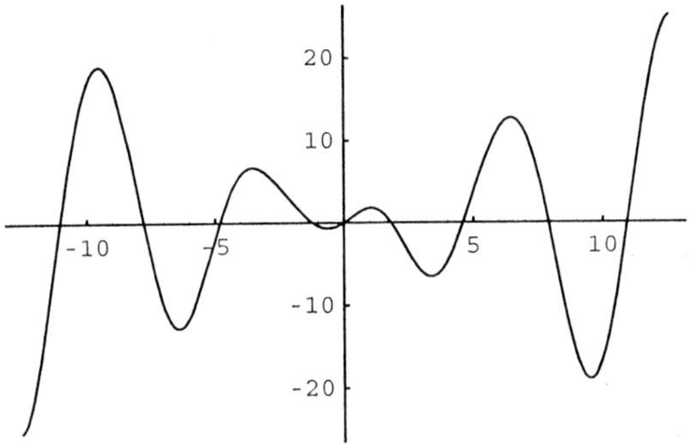


Para dibujar dos funciones (o más) juntas, las ponemos entre llaves y separadas por comas, como en el siguiente ejemplo:

```
Plot[{Sin[x], e^x}, {x, -π, π}];
```

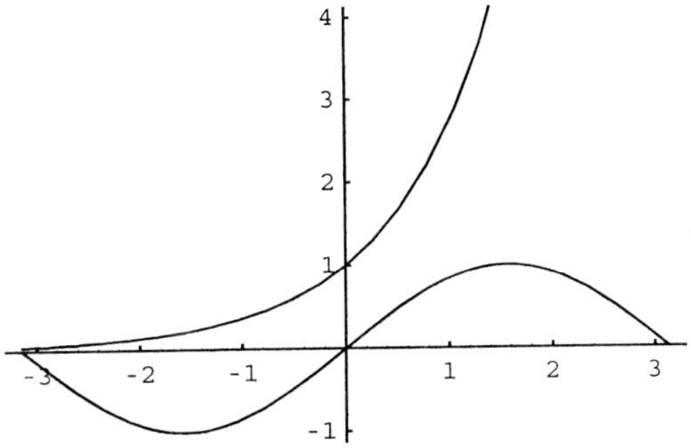


*Mathematica* dibuja la función en el sitio que cree que es más apropiado, pero eso no quiere decir que sea el más relevante para nosotros. Hemos de tener mucha precaución con esto y para mostrarlo, veamos un ejemplo. Sabemos que la función $x^2 + 5$ no tiene raíces reales, pero si nos fijamos en la gráfica que nos da *Mathematica*

```
Plot[x^2 + 5, {x, -3, 3}];
```

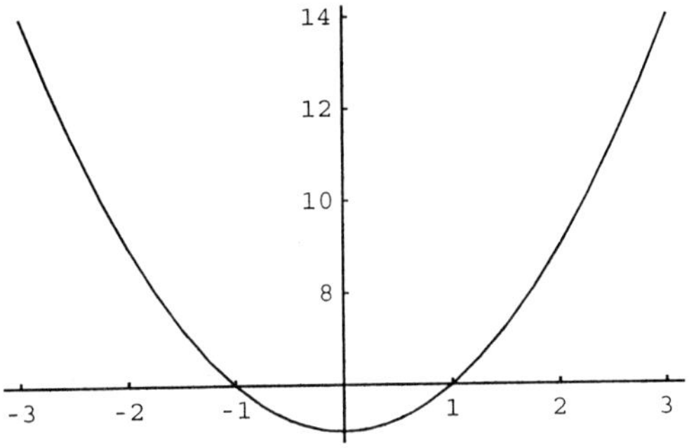


podríamos pensar (erróneamente) que sí. Si nos fijamos, el origen de coordenadas no está al (0, 0). *Mathematica* ha estimado (y la verdad sea dicha, tiene razón como a continuación veremos) que la función no tiene nada relevante en el (0, 0) y la ha dibujado en otro lugar.

Ahora, para fijar el origen de coordenadas en un punto, en nuestro caso el (0, 0), usaremos la opción `AxesOrigin->{0,0}`. Veamos

```
Plot[x^2 + 5, {x, -3, 3}, AxesOrigin → {0, 0}];
```

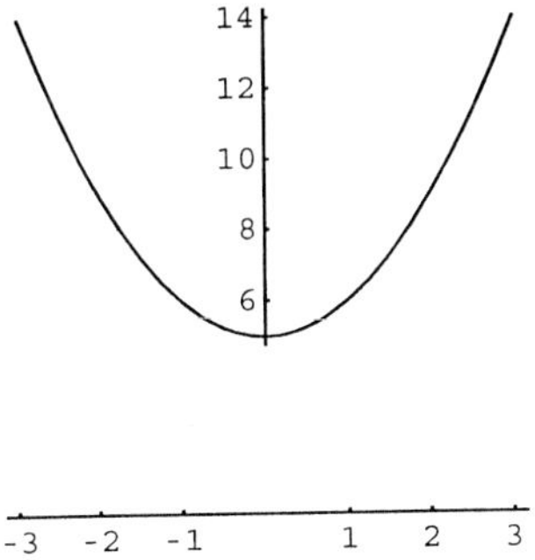

Ahora sí que se ve que no hay raíces reales. Y también se ve que la información de la función cerca del (0, 0) no es relevante, porque no hay nada.

## ■ Un ejemplo completo

Veamos ahora un ejemplo donde incluiremos diversas opciones para hacer una gráfica casi "profesional". Primero definimos las funciones a dibujar

```
f1[x_] :- 2 x;
f2[x_] := Sin[x];
f3[x_] := Sin[x] + 2;
f4[x_] := Sin[x] + 1;
```

Ahora definiremos una variable a la cual llamaremos *ls* y le asignaremos el límite superior del intervalo donde queremos dibujar las gráficas. Añadiremos las opciones

**AxesOrigin**→{0,0}, que pondrán el origen de coordenadas en el (0, 0),

**AxesLabel**→{**"Bien x          ","Bien y"**}, que etiquetará los ejes X con el título *Bien x* y al eje Y con el título *Bien y*,

**PlotRange**→{0,4}, que hará que sólo se dibujen los valores del eje Y que estén en el intervalo [0, 4],

PlotStyle→{...}, que nos dejará modificar el dibujo estándar de las funciones como ahora explicamos:

Text["Función 1",{ls,f1[ls]},{-1,0}] hará que en el punto {ls, f1[ls]} (en este caso, el extremo derecho de la función) se escriba el título "Función 1". Los parámetros {-1,0} indican que se escriba comenzando desde el punto hacia la derecha.

RGBColor[1,0,0] le da color a la gráfica como combinación de los colores rojo (R), verde (G) y azul (B). Los valores se toman desde 0 hasta 1. En este caso, {1,0,0} es el color rojo, el {0,0,1} es el azul y el {1,0,1} el fucsia.

GrayLevel[0] da nivel de gris a la gráfica. Va de 0 a 1, donde el 0 es el negro y el 1 es el blanco.

¡Podeis hacer pruebas cambiando los parámetros!

```
ls = 2; (* límite superior del intervalo donde vamos a dibujar *)
Plot[{f1[x], f2[x], f3[x], f4[x]}, {x, 0, ls},
      AxesOrigin → {0, 0},
      AxesLabel → {"Bien x      ", "Bien y"},
      PlotRange → {0, 4},
      PlotStyle →
    {{Text["Función 1", {ls, f1[ls]}, {-1, 0}],
          RGBColor[1, 0, 0]},
      {Text["Función 2", {ls, f2[ls]}, {-1, 0}],
          RGBColor[0, 0, 1]},
      {Text["Función 3", {ls, f3[ls]}, {-1, 0}], GrayLevel[0]},
      {Text["Función 4", {ls, f4[ls]}, {-1, 0}],
          RGBColor[1, 0, 1]}}];
```

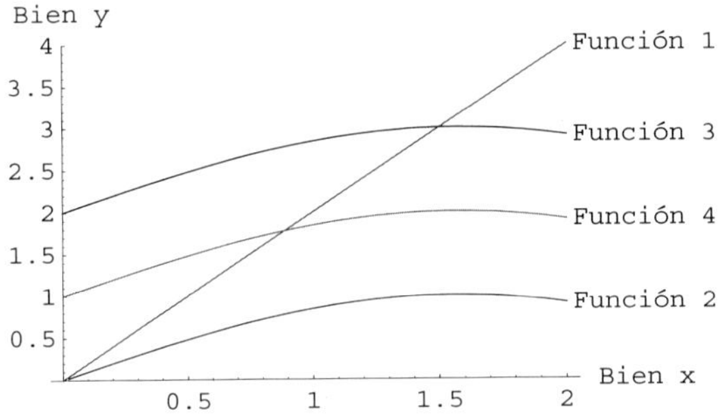


## Un poco de programación

Creemos que es importante hacer una pequeña introducción a la programación con *Mathematica*, porque aunque lo que hemos visto pueda parecernos importante y permite aliviar los cálculos tediosos, la potencia real de este software es la programación, que puede ayudarnos a implementar con facilidad procedimientos que *a priori* nos resultan dificultosos.

La mejor manera para introducirnos en la programación es hacer un ejemplo. En el ejemplo plantearemos el problema y propondremos la solución. Después, presentaremos las funciones de *Mathematica* que necesitaremos para implementar el procedimiento, presentaremos el código, lo explicaremos y lo ejecutaremos.

## ■ Presentación del problema

Queremos hacer una estimación del valor del número $\pi$ para un método probabilístico llamado método MonteCarlo.

Suponemos que tenemos un cuadrado de madera cuyo lado mide 1 y en el que hemos dibujado un círculo de radio $\frac{1}{2}$ como se ve en la siguiente figura:

```
cercle = Graphics[{GrayLevel[0], Circle[{1/2, 1/2}, 1/2]}];
quadrat = Graphics[{GrayLevel[0.8], Rectangle[{0, 0}, {1, 1}]}];
Show[quadrat, cercle, AspectRatio → Automatic];
```

Ahora procederemos a jugar a los dardos. Suponemos que cada dardo que tiremos cae dentro del cuadrado. Contaremos un punto si cae dentro del círculo y no contaremos ninguno si cae fuera del círculo (y dentro del cuadrado).

Según la teoría, la probabilidad de que lancemos un dardo y caiga dentro del círculo es el área del círculo ($\pi\left(\frac{1}{2}\right)^2 = \frac{\pi}{4}$) dividido por el área del cuadrado ($1 \times 1 = 1$). Por tanto

Probabilidad que un lanzamiento de dardo caiga dentro del círculo $= \frac{\pi}{4}$.

## ■ Solución del problema y propuesta de algoritmo

Así, para aproximar el valor de $\pi$ haremos muchos lanzamientos de dardos, dividiremos los que caigan dentro del círculo por los que hayamos tirado (aproximación a $\frac{\pi}{4}$) y el resultado lo multiplicaremos por 4. Así obtendremos una aproximación de $\pi$.

Recordamos que una circunferencia de centro $(a, b)$ y de radio $r$ tiene como ecuación $(x-a)^2 + (y-b)^2 = r^2$, y los puntos $(x, y)$ que están dentro del círculo son los que satisfacen $(x-a)^2 + (y-b)^2 \leq r^2$. Para nuestro círculo eso se traduce en $\left(x - \frac{1}{2}\right)^2 + \left(y - \frac{1}{2}\right)^2 \leq \frac{1}{4}$.

Para hacer un diseño de algoritmo, éste podría ser:

**PASO 1.** Simulación de un lanzamiento de dardo.

Guardar en la variable $x$ un valor aleatorio real entre 0 y 1.

Guardar en la variable $y$ un valor aleatorio real entre 0 y 1.

**PASO 2.** Comprobar si la tirada ha caído dentro del círculo o fuera.

$(x, y)$ ha caído dentro del círculo si $\left(x-\frac{1}{2}\right)^2+\left(y-\frac{1}{2}\right)^2 \leq \frac{1}{4}$. En este caso, le sumaremos 1 a la variable contadora DENTRO.

Sumar 1 a la variable contadora TIRADAS.

**REPETIREMOS** los pasos 1 y 2 tantas veces como tiros queramos hacer.

**PASO 3.** Una vez hechas todas las tiradas, aproximamos el valor de $\pi$ por $4 * \frac{\text{DENTRO}}{\text{TIRADAS}}$.

## ■ Funciones de *Mathematica* necesarias

Para escribir el código necesario necesitaremos las funciones:

- `Module[{x=x0,y,...},expr]` hace que las variables inicializadas o no *x*, *y*, ..., que aparezcan en *exp*, se traten como variables locales.
- `For[comienzo,test,incr,cos]` ejecuta *comienzo*, repetidamente evalúa *cos* y *incr* hasta que *test* devuelva verdadero.
- `Random[]` devuelve un valor real aleatorio entre 0 y 1.
- `If[condicion,v,f]` devuelve *v* si *condición* es verdadera y *f* si es falsa.
- `Return[expr]` devuelve el valor *expr* dentro de una función.

## ■ Implementación y explicación del código

```
ValordePi[TIRADAS_] := Module[{DENTRO = 0, x, y, i},
            For[i = 1, i ≤ TIRADAS, i++,
                 x = Random[];
                 y = Random[];
                 If[(x - 1/2)^2 + (y - 1/2)^2 ≤ 1/4, DENTRO += 1]
            ];
            Return[DENTRO/TIRADAS * 4]
                                ]
```

En la primera línea hacemos que las variables que definimos sean locales y desaparezcan del sistema cuando acabe el procedimiento. Dentro del bucle `For[]` generamos tiradas aleatoriamente y dentro de `If[]` comprobamos si caen dentro del círculo y, en caso afirmativo, sumamos 1 a la variable DENTRO. Una vez acabado el `For[]`, calculamos la aproximación del valor de $\pi$.

## ■ Ejecución y pruebas

Evaluaremos ahora la función anteriormente implementada para 100.000 tiradas de dardos.

```
TIRADAS = 100000;
ap = ValordePi[TIRADAS] // Timing;
Print["El valor aproximado de π obtenido con ",
  TIRADAS, " tiradas es ", ap[[2]], " ≈ ", N[ap[[2]], 10],
  " en un tiempo de ", ap[[1]] / Second, " segundos."];
Print["El valor exacto de π con cinco cifras decimales exactas es ",
  N[π, 6], "."];
```

El valor aproximado de π obtenido con 100000 tiradas es $\frac{78577}{25000}$ ≈ 3.14308 en un tiempo de 10.54 segundos.

El valor exacto de π con cinco cifras decimales exactas es 3.14159.

Como vemos, con 100.000 tiradas obtenemos dos cifras decimales exactas. Además hemos incluido la función **Timing[]** que nos devuleve el tiempo que ha usado *Mathematica* para hacer los cálculos. Diferentes ejecuciones del procedimiento, darán diferentes resultados.

**Observación final**

Recordar que las ejecuciones de *Mathematica* siempre devuelven algún mensaje o resultado, pero no tiene porque ser lo que buscamos o lo que queramos. Para que *Mathematica* sea una herramienta útil, conviene saber qué hacemos en cada paso, analizar los resultados y ¡utilizar el sentido común!

# ¿Cómo se hace ... ?

## Resolución de ecuaciones

### ■ Resolución de sistemas de ecuaciones lineales

Vamos a resolver el sistema de ecuaciones lineales

$$\begin{cases} 3x - 4y = 13 \\ 2x + 3y = 3 \end{cases}$$

Podemos utilizar la instrucción `Solve[]`, bien definiendo cada una de las ecuaciones

```
Solve[{3 x - 4 y == 13, 2 x + 3 y == 3}, {x, y}]
{{x → 3, y → -1}}
```

o bien con la forma matricial

```
A = {{3, -4}, {2, 3}};
b = {13, 3};

Solve[A.{x, y} == b, {x, y}]
{{x → 3, y → -1}}
```

Como hemos obtenido una única solución se trata de un sistema compatible determinado.

*Mathematica* dispone de una instrucción específica para resolver sistemas de ecuaciones lineales, se trata de `LinearSolve[]`. Para resolver el sistema anterior con esta instrucción escribiremos

```
LinearSolve[A, b]
{3, -1}
```

Hay que tener en cuenta que con la instrucción `LinearSolve[]` *Mathematica* sólo nos devuelve una solución. Para saber si es la única solución tendremos que comprobar si el sistema es compatible determinado. En este caso, es suficiente que el determinante de la matriz *A* sea distinto de cero

```
Det[A]
17
```

Como el sistema que estamos resolviendo es de dos ecuaciones con dos incógnitas, podemos obtener su solución gráficamente.

Si despejamos en cada una de las ecuaciones la variable $y$, obtenemos las ecuaciones de las rectas $y = (3x - 13)/4$, $y = (3 - 2x)/3$. Obtener la solución gráficamente es calcular el punto de corte de estas rectas

```
Plot[{(3 x - 13) / 4, (3 - 2 x) / 3}, {x, -1, 5}]
```

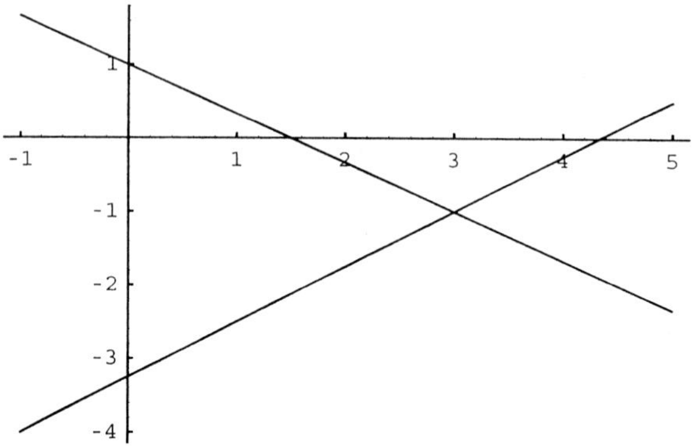


Como el sistema es compatible determinado, obtenemos un único punto de corte, que corresponde a la solución del sistema $x = 3$, $y = -1$.

Vamos a resolver el sistema de ecuaciones lineales

$$\begin{cases} 3x - 4y = 13 \\ -\frac{3}{2}x + 2y = -\frac{13}{2} \end{cases}$$

Utilizando la instrucción `Solve[]`, con ecuaciones y matricialmente, obtenemos, respectivamente

```
Solve[{3 x - 4 y == 13, -3/2 x + 2 y == -13/2}, {x, y}]
```

Solve::svars :
Equations may not give solutions for all "solve" variables.

$$\left\{\left\{x \to \frac{13}{3} + \frac{4y}{3}\right\}\right\}$$

```
A = {{3, -4}, {-3/2, 2}};
b = {13, -13/2};
Solve[A.{x, y} == b, {x, y}]
```

Solve::svars :
Equations may not give solutions for all "solve" variables.

$$\left\{\left\{x \to \frac{13}{3} + \frac{4y}{3}\right\}\right\}$$

*Mathematica* nos avisa que se trata de un sistema compatible indeterminado, y su solución es $x = \frac{13}{3} + \frac{4y}{3}$, $y \in \mathbb{R}$ .

Si utilizamos la instrucción

```
LinearSolve[A, b]
```

$\left\{\frac{13}{3}, 0\right\}$

sólo obtenemos una solución. Eso no quiere decir que el sistema sea compatible determinado, como podemos comprobar si calculamos el determinante

```
Det[A]
```

0

En este caso, la solución obtenida es la correspondiente a $y = 0$.

Gráficamente

```
Plot[{(3 x - 13) / 4, (-13 + 3 x) / 4}, {x, -1, 5}]
```

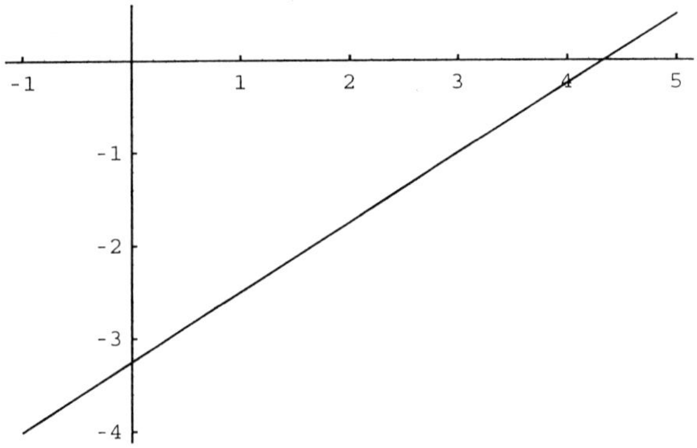


se trata de dos rectas coincidentes, por tanto la solución es la recta $y = (3x - 13)/4$.

Cuando el sistema es incompatible, *Mathematica* no muestra ninguna solución

$\text{Solve}\left[\left\{3\,x - 4\,y == 13,\ -\frac{3}{2}\,x + 2\,y == 10\right\},\ \{x, y\}\right]$

{}

$A = \left\{\{3, -4\}, \left\{-\frac{3}{2}, 2\right\}\right\};$

```
b = {13, 10};
```

```
Solve[A.{x, y} == b, {x, y}]
```

{}

o nos avisa que no hay solución

```
LinearSolve[A, b]
```

```
LinearSolve::nosol : Linear equation encountered which has no solution.
```

$\text{LinearSolve}\left[\left\{\{3,\ 4\}, \left\{-\frac{3}{2}, 2\right\}\right\}, \{13, 10\}\right]$

Gráficamente

```
Plot[{(3 x - 13) / 4, (-10 + 3 x / 2) / 2}, {x, -1, 5}]
```

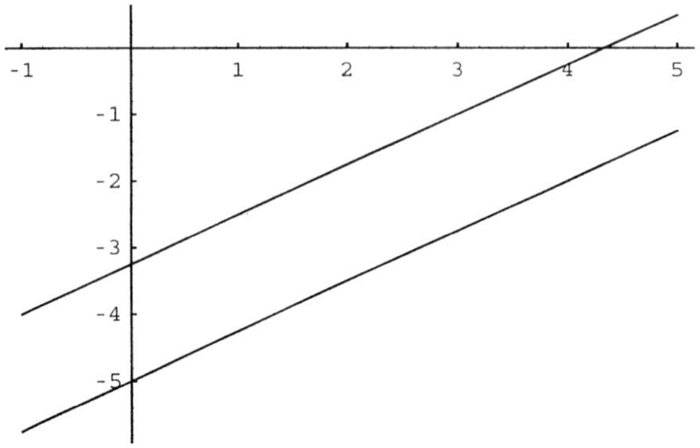


se trata de dos rectas paralelas, por tanto no se cortan en ningún punto.

## ■ Resolución de ecuaciones no lineales

Para resolver ecuaciones o sistemas de ecuaciones no lineales utilizaremos la instrucción `Solve[]` para obtener la solución de forma exacta y `NSolve[]` para obtenerla de forma aproximada. Por ejemplo

$$\text{Solve}\left[\frac{1}{\sqrt{x}} + \frac{1}{x} == 3,\ x\right]$$

$$\left\{\left\{x \to \frac{1}{18}\left(7 + \sqrt{13}\right)\right\}\right\}$$

$$\text{NSolve}\left[\frac{1}{\sqrt{x}} + \frac{1}{x} == 3,\ x\right]$$

$$\{\{x \to 0.589197\}\}$$

Para resolverlo gráficamente, buscaremos la intersección de la función $\frac{1}{\sqrt{x}} + \frac{1}{x} - 3$ con el eje *X*

$$\text{Plot}\left[\frac{1}{\sqrt{x}} + \frac{1}{x} - 3,\ \{x,\ 0,\ 1\}\right];$$

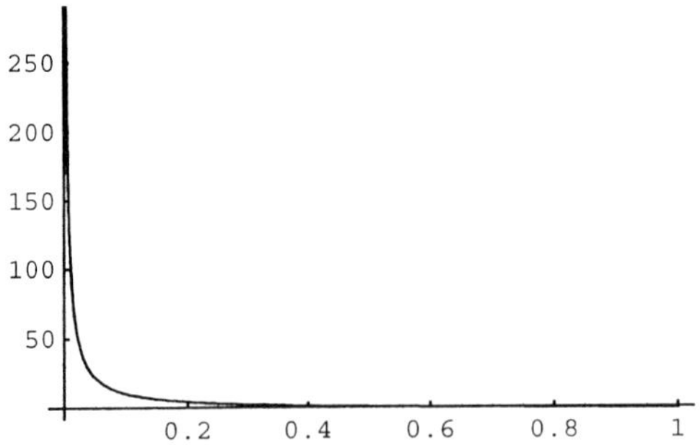

Como no podemos apreciar cuál es el punto de corte con el eje $X$, pero vemos que se encuentra entre 0.3 y 0.9, volveremos a representar la situación, pero reduciendo el intervalo a [0.3, 0.9]

$$\text{Plot}\left[\frac{1}{\sqrt{x}} + \frac{1}{x} - 3, \{x, 0.3, 0.9\}\right]$$

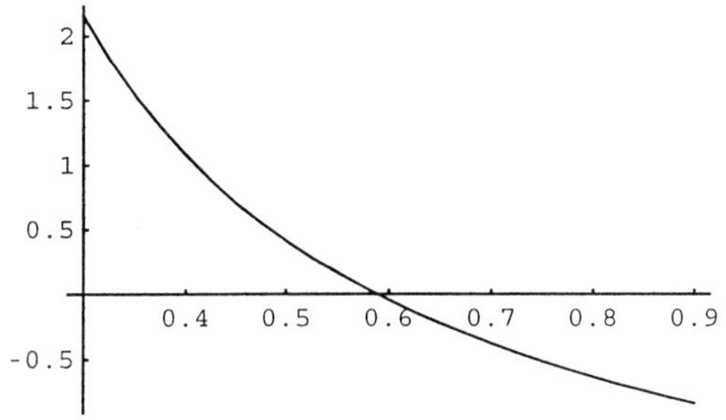


De donde deducimos que la solución de la ecuación $\frac{1}{\sqrt{x}} + \frac{1}{x} = 3$ es aproximadamente $x = 0.59$.

## ■ Resolución de ecuaciones en diferencias

Para resolver ecuaciones en diferencias, *Mathematica* tiene el package *RSolve* que carga mediante el mandato.

```
<<DiscreteMath`RSolve`
```

La instrucción de este package que resuelve ecuaciones en diferencias es **RSolve[]** y funciona de forma similar a **DSolve[]**.

La sintáxis es *RSolve[{eqn1, eqn2, ... }, {a1, a2, ... }, n]* donde las *eqn* son las ecuaciones, las *a* son las funciones que queremos calcular y *n* la variable discreta. Veamos ejemplos.

La solución de la ecuación $a(n+1) - 2\,a(n)$, $n = 1, 2, \ldots$ es

```
RSolve[a[n+1] == 2 a[n], a[n], n]
```

$\{\{a[n] \to 2^n\, C[1]\}\}$

La solución de la ecuación $a(n+1) = 2\,a(n)$, $a(0) = 5$, $n = 1, 2, \ldots$ es

```
RSolve[{a[n+1] == 2 a[n],
        a[0] == 5}, a[n], n]
```

$\{\{a[n] \to 5\, 2^n\}\}$

La solución de la ecuación de Fibonacci $a(n) = a(n-1) + a(n-2)$, $a(0) = 1$, $a(1) = 1$, $n \quad 1, 2, \ldots$ es

```
RSolve[{a[n] == a[n-1] + a[n-2],
        a[0] == 1,
        a[1] == 1}, a[n], n]
```

$$\left\{\left\{a[n] \to \frac{2^{-1-n}\left(-\left(1-\sqrt{5}\right)^{1+n}+\left(1+\sqrt{5}\right)^{1+n}\right)}{\sqrt{5}}\right\}\right\}$$

La solución del sistema de ecuaciones en diferencias

$a(n+1) - 3\,b(n) - 4\,a(n) = 1,$

$a(n+1) + b(n+1) + b(n) = n\,,$

$a(0) = 0,$

$b(0) = 0.$

es

```
RSolve[{a[n+1] - 3 b[n] - 4 a[n] == 1,
        a[n+1] + b[n+1] + b[n] == n,
        a[0] == 0,
        b[0] == 0}, {a[n], b[n]}, n]
```

$$\left\{\left\{a[n] \to \frac{1}{6}\left(-8-(-2)^n+9\,2^n-6\,n\right),\ b[n] \to \frac{1}{3}\left(2+(-2)^n-3\,2^n+3\,n\right)\right\}\right\}$$

## Modelos discretos

### ■ Dibujar puntos con *Mathematica*: ListPlot y MultipleListPlot

Con la instrucción `ListPlot[]`, *Mathematica* permite dibujar una lista de puntos en un gráfico. Si consideramos la lista siguiente, y la dibujamos

```
lista = {1, 3, 2, 5, 6, -1, 3};
ListPlot[lista, PlotStyle -> PointSize[0.02]];
```

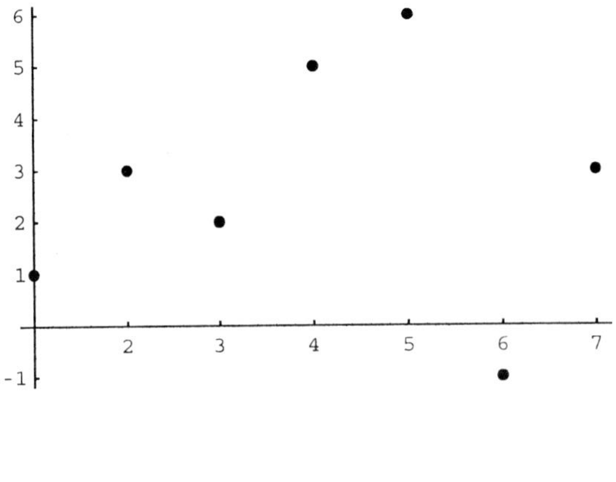

Podemos unir los puntos con una línea usando la opción `PlotJoined->True`.

```
ListPlot[lista, PlotJoined → True];
```

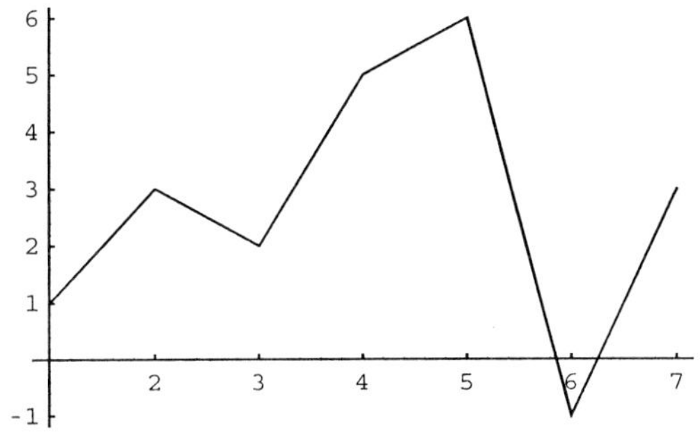

En el ejemplo que hemos visto, *Mathematica* traduce `lista` a la lista siguiente

```
{{1, 1}, {2, 3}, {3, 2}, {4, 5}, {5, 6}, {6, -1}, {7, 3}}
```

es decir, le añadimos un índice a la primera componente, antes de dibujarla. Esto quiere decir que podemos dibujar listas de parejas de elementos. Veámoslo.

```
lista2 = {{1, -3}, {-1, 3}, {3, 4}, {3, 3},
   {1, -2}, {-1, 0}, {2, 4}, {2, 5}, {1, -2}, {0, 1}};
ListPlot[lista2, PlotStyle -> PointSize[0.02]];
```

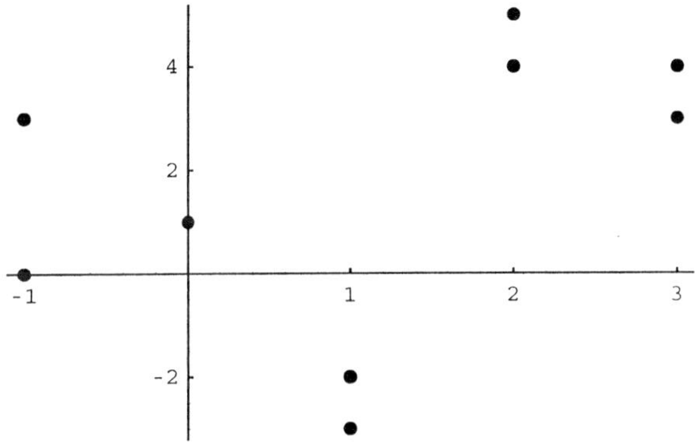

Si lo que queremos es dibujar dos listas en la misma gráfica, tendremos que hacer uso del package

```
<<Graphics`MultipleListPlot`
```

Consideramos dos listas

```
lis1 = {{0, 0}, {0.1, 0.587}, {0.2, 0.951}, {0.3, 0.95}, {0.4, 0.58}, {0.5, 0},
   {0.6, -0.58}, {0.7, -0.95}, {0.8, -0.95}, {0.9, -0.58}, {1, 0}};
lis2 = {{0, 1}, {0.1, 0.8}, {0.2, 0.3}, {0.3, -0.3}, {0.4, -0.81},
   {0.5, -1}, {0.6, -0.81}, {0.7, -0.31}, {0.8, 0.31}, {0.9, 0.81}, {1, 1}};
```

y las dibujamos juntas.

```
MultipleListPlot[lis1, lis2];
```

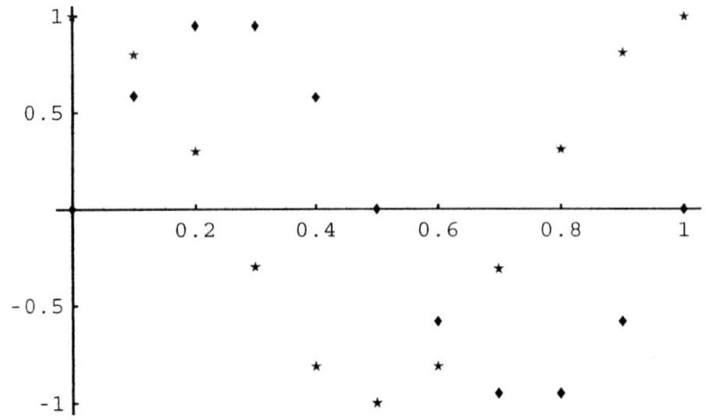


La verdad, es que a pesar de que cada gráfica es dibujada con tipos diferentes de puntos, queda un poco enredada. Para poder desenredarla, usaremos la opción `PlotJoined→True`. Veamos

```
MultipleListPlot[lis1, lis2, PlotJoined→True];
```

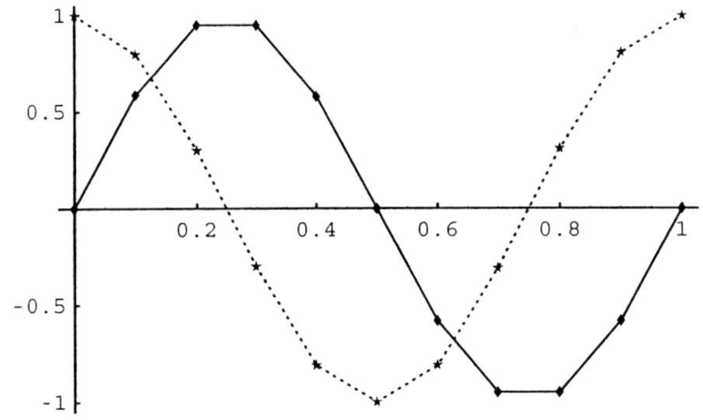


## ■ Interés y acumulación de interés

Ejemplo 1:

Si recibimos un préstamo de 10000€ que hemos de devolver a una tasa de interés anual del 5%, cuando transcurra un año tendremos que pagar

```
Print[10000 * (1 + 0.05), " €"];
10500. €
```

Ejemplo 2:

Si recibimos un préstamo de 10000€ que hemos de devolver a una tasa de interés del 5% anual compuesta cuatrimestralmente, cuando transcurra un año tendremos que pagar

```
Print[10000 * (1 + 0.05/3)^3, " €"];
```

10508.4 €

Ejemplo 3:

Si recibimos un préstamo de 10000€ que hemos de devolver a una tasa de interés del 5% anual compuesta continua, cuando transcurra un año tendremos que pagar

```
Print[10000 * e^0.05, " €"];
```

10512.7 €

Ejemplo 4:

Si recibimos un préstamo de 10000€ que hemos de devolver a una tasa de interés del 5% anual compuesta continua, cuando transcurran *t* años tendremos que pagar

```
Print[10000 * e^(0.05*t), " €"];
```

$10000\, e^{0.05\, t}$ €

Ejemplo 5:

Si invertimos 400€ al principio de cada uno de los siguientes 30 meses. ¿Qué capital obtendremos al final de los 30 meses si la tasa de interés nominal anual es del 5% compuesta mensualmente?

Al final de los 30 meses obtendremos

$$400 \sum_{i=1}^{30} \left(1 + \frac{0.05}{12}\right)^{i} \text{ €}.$$

Fijémonos que lo que tenemos es la suma de los 30 primeros términos de una sucesión geométrica.

Recordemos que la suma de los *n* primeros términos de la sucesión geométrica

$$r, r^2, r^3, \ldots, r^n, \ldots$$

es

$$\sum_{i=1}^{n} r^i = \frac{r^{n+1} - r}{r - 1}.$$

Por tanto

$$400 \sum_{i=1}^{30} \left(1 + \frac{0.05}{12}\right)^{i} = 400\, \frac{\left(1 + \frac{0.05}{12}\right)^{31} - \left(1 + \frac{0.05}{12}\right)}{1 + \frac{0.05}{12} - 1}$$

Si hacemos los cálculos con *Mathematica*

```
Print["400*((1 + 0.05/12)^31 - (1 + 0.05/12))/(0.05/12) = ", 400 * ((1 + 0.05/12)^31 - (1 + 0.05/12))/(0.05/12)];
```

$$400 * \frac{\left(1 + \frac{0.05}{12}\right)^{31} - \left(1 + \frac{0.05}{12}\right)}{\frac{0.05}{12}} = 12807.1$$

De tal manera que al cabo de 30 meses obtendremos 12807.1 €.

También podríamos haber hecho los cálculos directamente con *Mathematica* de la forma siguiente

$$400 * \sum_{i=1}^{30} \left(1 + \frac{0.05}{12}\right)^{i}$$

12807.1

que efectivamente, da el mismo resultado.

Ejemplo 6:

Supongamos que, a partir del mes que viene, vamos a recibir 400€ al principio de cada mes de forma perpetua (cuando muramos algún heredero nuestro seguirá recibiendo dicha renta, y cuando el muera, un heredero suyo, y así sucesivamente). Si la tasa de interés nominal anual es del 5% compuesta mensualmente, ¿cuál es el valor actual de este flujo perpetuo?

Obsérvese que tenemos una cantidad infinita de ingresos. Lo que tendremos que hacer es calcular el valor actual de cada uno de estos ingresos y después sumarlos para obtener el valor actual de todo el flujo.

El valor actual del flujo perpetuo es

$$400 \sum_{i=1}^{\infty} \left(1 + \frac{0.05}{12}\right)^{-i} €.$$

Nótese que lo que tenemos es la suma de los infinitos términos de una sucesión geométrica.

Recordemos que la suma de los infinitos terminos de la sucesión geométrica

$$r, r^2, r^3, \ldots, r^n, \ldots$$

es, utilizando lo que vale la suma de los $n$ primeros términos de una sucesión geométrica vista en el ejemplo anterior

$$\sum_{i=1}^{\infty} r^i = \lim_{n\to\infty} \sum_{i=1}^{n} r^i = \lim_{n\to\infty} \frac{r^{n+1} - r}{r-1} \underset{\text{Si } |r|<1}{=} \frac{r}{1-r}. \qquad (1)$$

Insistimos en que la suma de los infinitos términos de una sucesión geométrica sólo se puede calcular en el caso en que el valor absoluto de la razón sea menor que 1. En otro caso, la suma divergerá (será infinita).

En el caso en que la sucesió geométrica sea de la forma

$$r^{-1}, r^{-2}, r^{-3}, \ldots, r^{-n}, \ldots$$

podemos utilizar lo razonado anteriormente haciendo

$$\sum_{i=1}^{\infty} r^{-i} = \sum_{i=1}^{\infty} \left(\frac{1}{r}\right)^{i}$$

y ahora, siempre que $\left|\frac{1}{r}\right| < 1$, podemos calcular la suma utilizando la fórmula (1) y teniendo en cuenta que la razón es $\frac{1}{r}$,

$$\sum_{i:1}^{\infty} r^{-i} = \sum_{i:1}^{\infty} \left(\frac{1}{r}\right)^i \underset{(1)}{=} \frac{\frac{1}{r}}{1-\frac{1}{r}} = \frac{r^{-1}}{1-r^{-1}}$$

Volviendo a nuestro problema y utilizando esta expresión, el valor actual de este flujo perpetuo será

$$\text{Print}\left["400 \sum_{i=1}^{\infty}\left(1+\frac{0.05}{12}\right)^{-i} = 400\frac{(1+\frac{0.05}{12})^{-1}}{1-(1+\frac{0.05}{12})^{-1}} = ", 400\frac{(1+\frac{0.05}{12})^{-1}}{1-(1+\frac{0.05}{12})^{-1}}, "€"\right]$$

$$400 \sum_{i=1}^{\infty}\left(1+\frac{0.05}{12}\right)^{-i} = 400\frac{(1+\frac{0.05}{12})^{-1}}{1-(1+\frac{0.05}{12})^{-1}} = 96000.€$$

También podríamos calcular la suma de la serie directamente con *Mathematica* mediante la instrucción

$$\text{Limit}\left[\text{Sum}\left[400\left(1+\frac{0.05}{12}\right)^{-i}, \{i, 1, n\}\right], n \to \infty\right]$$

96000

obteniendo el mismo resultado.

## ■ Mínimos cuadrados

*Mathematica* permite calcular funciones que se ajustan a unas medidas dadas por el sistema de mínimos cuadrados. La función que lo hace posible es `Fit[]`. La sintáxis de esta función es *Fit[datos, funciones,var]* donde los *datos* son parejas de puntos del plano que se han de ajustar, *funciones* las funciones que harán el ajuste y *var* la variable de las funciones de ajuste. Veamos algunos ejemplos.

Suponemos que tenemos los puntos siguientes que queremos ajustar

```
puntos = {{0, -1}, {1, 2}, {3, 7}, {4, 6}, {7, 9}, {11, 14}};
```

Estos puntos dibujados en el plano son

```
plotpoints = ListPlot[puntos, PlotStyle -> PointSize[0.02]];
```

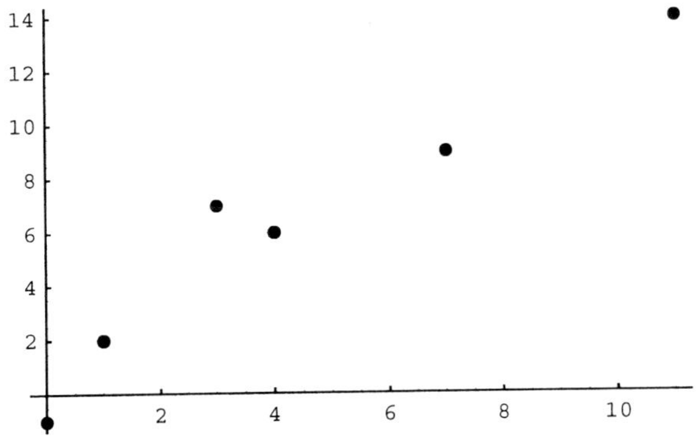

Los ajustes pueden hacerse con las funciones que queramos, aunque algunas se ajustarán mejor que otras. Veámoslo. En este primer caso, vamos a ajustar un polinomio de grado 1.

```
grado1 = Fit[puntos, {1, x}, x]
0.776 + 1.244 x
```

Este polinomio de grado 1, $0.776 + 1.244x$, es la recta que pasa más cercana (globalmente) de los puntos.

```
plotline = Plot[grado1, {x, -3, 14}, DisplayFunction → Identity];
```

`DisplayFunction→Identity` hace que no se dibuje la función porque lo haremos luego.

A continuación presentamos el gráfico con los puntos y la recta. El ajuste es bueno.

```
Show[plotpoints, plotline];
```

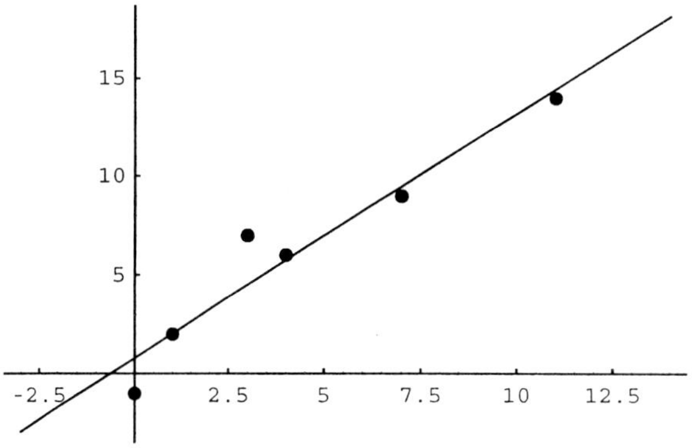


Podríamos hacerlo con un polinomio de grado dos

```
grado2 = Fit[puntos, {1, x, x^2}, x]
plotline = Plot[grado2, {x, -3, 14}, DisplayFunction → Identity];
Show[plotpoints, plotline];
```

$-0.113262 + 1.89613\,x - 0.0592841\,x^2$

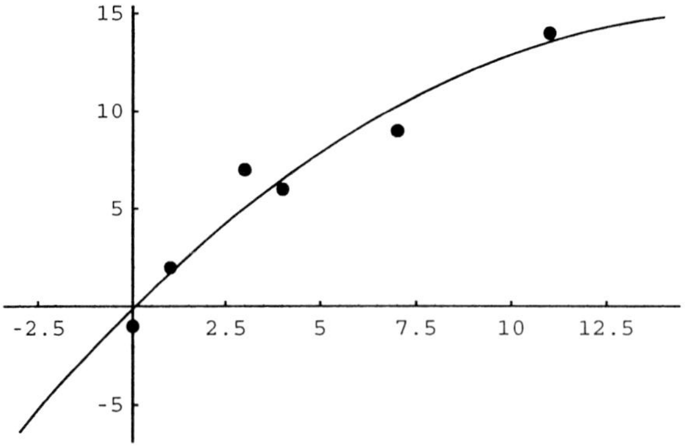


que también parece ajustarse bien. Aunque en los ejemplos las funciones son polinomios, se puede poner cualquier tipo de función.

# Álgebra lineal

## ■ Generación de matrices

En ocasiones nos hace falta generar matrices mediante una cierta regla numérica. Por ejemplo, si queremos generar una matriz cuadrada de orden tres que contenga en la posición $(i, j)$ el valor $(-1)^{i+j} \cdot i \cdot j$, se utiliza la orden `Table[]`

```
Table[(-1)^(i+j) * i * j, {i, 1, 3}, {j, 1, 3}] // MatrixForm
```

$$\begin{pmatrix} 1 & -2 & 3 \\ -2 & 4 & -6 \\ 3 & -6 & 9 \end{pmatrix}$$

## ■ Cálculo de determinantes

Para calcular el determinante de una matriz (cuadrada) se utiliza la orden `Det[]`

```
A = {{1, 0, 2, 8, 0}, {2, 1, 4, 4, 3},
   {5, 6, 10, 0, 1/2}, {0, 0, 5, -3, 1}, {0, -1, 0, -2, 0}};
Det[
 A]
```

745

```
B = {{1, x, x^2}, {0, 1, -x}, {1/2, 0, x/2}};
Det[B]
```

$\frac{x}{2} \quad x^2$

Con esta orden podemos obtener las fórmulas para calcular el determinante de matrices cuadradas de orden dos

```
Det[ {{a, b}, {c, d}} ]
```

-b c + a d

o tres (regla de Sarrus)

```
m = Array[a, {3, 3}];
Det[ m ]
```

-a[1, 3] a[2, 2] a[3, 1] + a[1, 2] a[2, 3] a[3, 1] + a[1, 3] a[2, 1] a[3, 2] -
a[1, 1] a[2, 3] a[3, 2] - a[1, 2] a[2, 1] a[3, 3] + a[1, 1] a[2, 2] a[3, 3]

## ■ Cálculo del rango de una matriz

Recordemos que el rango de una matriz de orden $n \times m$ es el número de filas o columnas linealmente independientes. Además, se puede probar que este cálculo se puede hacer por filas o por columnas, porque coincide. Luego, si $n \leqslant m$, tendremos que Rang$(A) \leq n$.

Para hacer el cálculo práctico del rango de una matriz lo más sencillo es calcularlo mediante sus menores, porque el rango es el tamaño del mayor menor no nulo que tenga la matriz.

Por ejemplo, como la matriz siguiente $A$ es de orden $4 \times 5$, su rango será como máximo de 4

```
A = {{1, 2, 0, 1, 3}, {0, 10, 1, 0, 3},
   {1, 1, 1, 0, -1}, {0, 0, 2, 1, 0}} // MatrixForm
```

$$\begin{pmatrix} 1 & 2 & 0 & 1 & 3 \\ 0 & 10 & 1 & 0 & 3 \\ 1 & 1 & 1 & 0 & -1 \\ 0 & 0 & 2 & 1 & 0 \end{pmatrix}$$

Con el orden siguiente calcularemos los menores de orden cuatro mediante la instrucción `Minors[]`

```
A = {{1, 2, 0, 1, 3}, {0, 10, 1, 0, 3}, {1, 1, 1, 0, -1}, {0, 0, 2, 1, 0}};
Minors[A, 4]
{{31, 74, 37, 13, 7}}
```

y como que hay al menos un menor de orden cuatro no nulo (en realidad todos los menores de orden cuatro son no nulos), se tiene que Rang$(A) = 4$.

Consideramos ahora la matriz $B$ de tamaño $3 \times 4$

```
B = {{2, 1, 1, 3}, {3, 4, -1, 2}, {1, 1, 0, 1}};
Minors[B, 3]
{{0, 0, 0, 0}}
```

como todos los menores de orden tres son nulos, su rango es como máximo 2. Y de hecho, Rang$(B) = 2$ ya que, tiene al menos un menor de orden dos no nulo

```
B = {{2, 1, 1, 3}, {3, 4, -1, 2}, {1, 1, 0, 1}};
Minors[B, 2]
{{5, -5, -5, -5, -10, 5}, {1, -1, -1, -1, -2, 1}, {-1, 1, 1, 1, 2, -1}}
```

Consideremos finalmente un ejemplo donde el rango se ha de calcular en función de un parámetro:

```
M = {{1, 2, 1, 1}, {-1, 1, 0, 1}, {0, -3, -k, -3}, {1, 2, k, k}};
Minors[M, 4]
{{-6 + 9 k - 3 k^2}}
```

Luego, como

```
Solve[-6 + 9 k - 3 k^2 == 0, k]
{{k -> 1}, {k -> 2}}
```

si $k \in \mathbb{R} - \{1, 2\}$, la matriz $M$ tiene un menor (el único) de orden cuatro no nulo y por tanto $\text{Rang}(M) = 4$. Estudiamos los casos $k = 1$ y $k = 2$

```
M1 = {{1, 2, 1, 1}, {-1, 1, 0, 1}, {0, -3, -1, -3}, {1, 2, 1, 1}};
M2 = {{1, 2, 1, 1}, {-1, 1, 0, 1}, {0, -3, -2, -3}, {1, 2, 2, 2}};
Minors[M1, 3]
Minors[M2, 3]
```

```
{{0, -3, -1, 1}, {0, 0, 0, 0}, {0, 0, 0, 0}, {0, -3, -1, 1}}

{{-3,  3, 1, 2}, {3, 3, -1, -2}, { 3, -3, 1, 2}, {0, 0, 0, 0}}
```

en consecuencia, en ambos casos $\text{Rang}(M) = 3$.

## ■ Matriz inversa

Para calcular la inversa de una matriz (cuadrada) se utiliza la orden `Inverse[]`

```
A = {{1, 2, 3, 0}, {1, 0, 2, 3}, {3, 0, 4, 0}, {0, 0, 2, -4}};
Inverse[A] // MatrixForm
```

$$\begin{pmatrix} 0 & -\frac{8}{13} & \frac{7}{13} & -\frac{6}{13} \\ \frac{1}{2} & \frac{5}{13} & \frac{1}{26} & \frac{15}{52} \\ 0 & \frac{6}{13} & -\frac{2}{13} & \frac{9}{26} \\ 0 & \frac{3}{13} & -\frac{1}{13} & -\frac{1}{13} \end{pmatrix}$$

Si la matriz es singular, es decir, no tiene inversa (porque su determinante es nulo), *Mathematica* nos lo dice

```
B = {{1, 2, 3}, {4, 5, 6}, {7, 8, 9}};
Inverse[B] // MatrixForm
```

```
Inverse::sing : Matrix {{1, 2, 3}, {4, 5, 6}, {7, 8, 9}} is singular.
```

## ■ Cálculo del polinomio característico de una matriz

El cálculo del polinomio característico de una matriz (cuadrada) se hace mediante la orden `CharacteristicPolynomial[]`

```
A = {{4, 1, 0, 1}, {2, 3, 0, 1}, {-2, 1, 2, 3}, {2, -1, 0, 5}};
CharacteristicPolynomial[A, λ]
```

$96 - 136\,\lambda + 68\,\lambda^2 - 14\,\lambda^3 + \lambda^4$

## ■ Cálculo de los valores y vectores propios de una matriz

El cálculo del espectro de una matriz (cuadrada), es decir, de sus valores propios se hace mediante la orden `Eigenvalues[]`

```
A = {{4, 1, 0, 1}, {2, 3, 0, 1}, {-2, 1, 2, 3}, {2, -1, 0, 5}};
Eigenvalues[A]
```

```
{2, 2, 4, 6}
```

Observamos que eso es equivalente a

```
A = {{4, 1, 0, 1}, {2, 3, 0, 1}, {-2, 1, 2, 3}, {2, -1, 0, 5}};
Solve[CharacteristicPolynomial[A, λ] == 0, λ]
{{λ → 2}, {λ → 2}, {λ → 4}, {λ → 6}}
```

Mientras que para determinar los vectores propios se utiliza la orden `Eigenvectors[]`

```
A = {{4, 1, 0, 1}, {2, 3, 0, 1}, {-2, 1, 2, 3}, {2, -1, 0, 5}};
Eigenvectors[A]
{{0, 0, 1, 0}, {0, 0, 0, 0}, {-1, -1, 2, 1}, {2, 2, 1, 2}}
```

Pero estas dos tareas se pueden hacer a la vez mediante una única orden `Eigensystem[]`

```
A = {{4, 1, 0, 1}, {2, 3, 0, 1}, {-2, 1, 2, 3}, {2, -1, 0, 5}};
Eigensystem[A]
{{2, 2, 4, 6}, {{0, 0, 1, 0}, {0, 0, 0, 0}, {-1, -1, 2, 1}, {2, 2, 1, 2}}}
```

donde conviene señalar que primero nos da los valores propios y después los vectores propios ordenados de forma que están asociados a cada uno de los valores propios, respectivamente.

## ■ Diagonalizar una matriz

Recordemos que diagonalizar una matriz cuadrada $A$ consiste en factorizarla como $A = PDP^{-1}$, siendo $D$ y $P$ dos matrices del mismo orden que $A$, de manera que $D$ es una matriz diagonal y está formada por los valores propios de $A$ y $P$ es una matriz invertible que tiene como columnas los vectores propios asociados a los valores propios (siguiendo el orden en que estén colocados los valores propios en la diagonal de la matriz $D$).

Por ejemplo, diagonalizamos la matriz $A = \begin{pmatrix} 1 & 0 & 0 \\ 4 & 3 & 1 \\ -4 & 3 & -1 \end{pmatrix}$, y comprobamos el resultado. A continuación, las dos primeras instrucciones calcularán los valores y los vectores propios pero no devolverán ningún resultado. La tercera instrucción, nos devuelve la matriz de paso $P$. Y la cuarta, la matriz diagonal $D$.

```
{λ, μ, η} = Eigenvalues[A = {{1, 0, 0}, {4, 3, 1}, {-4, -3, -1}}];
{u, v, w} = Eigenvectors[A];
Transpose[{u, v, w}] // MatrixForm
DiagonalMatrix[{λ, μ, η}] // MatrixForm
Inverse[Transpose[{u, v, w}]] // MatrixForm
```

$$\begin{pmatrix} 0 & 1 & 0 \\ -1 & -4 & -1 \\ 3 & 4 & 1 \end{pmatrix}$$

$$\begin{pmatrix} 0 & 0 & 0 \\ 0 & 1 & 0 \\ 0 & 0 & 2 \end{pmatrix}$$

$$\begin{pmatrix} 0 & \frac{1}{2} & \frac{1}{2} \\ 1 & 0 & 0 \\ -4 & -\frac{3}{2} & -\frac{1}{2} \end{pmatrix}$$

Ahora comprobemos que la diagonalización es correcta.

```
Transpose[{u, v, w}].DiagonalMatrix[{λ, μ, η}].
  Inverse[Transpose[{u, v, w}]] // MatrixForm
```

$$\begin{pmatrix} 1 & 0 & 0 \\ 4 & 3 & 1 \\ -4 & -3 & -1 \end{pmatrix}$$

Conviene observar que si la comprobación la tuvieramos que hacer a mano, evitaríamos el cálculo de la matriz inversa que es muy pesado, y estudiaríamos $PD = AP$, que es mas corto.

Recordemos que no toda matriz cuadrada es diagonalizable. Por ejemplo, la matriz $A$ del apartado anterior sobre valores y vectores propios no es diagonalizable, ya que sus vectores propios no son linealmente independientes (observemos que *Mathematica* nos da el vector nulo entre éstos).

## ■ Potencia de una matriz

Si una matriz cuadrada $A$ es diagonalizable ($A = PDP^{-1}$) entonces sabemos que podemos calcular su potencia como $A^n = PD^nP^{-1}$ ya que

$$A^n =$$
$$(PDP^{-1})\ (PDP^{-1}) \cdots (PDP^{-1})\ (PDP^{-1}) = PD(P^{-1}P)\ D(P^{-1}P) \cdots D\ (P^{-1}P)\ DP^{-1} - PD^nP^{-1}$$

pero si la matriz no es diagonalizable esta técnica no se puede aprovechar. Sin embargo, *Mathematica* tiene una orden para calcular la potencia de una matriz cuadrada cualquiera, `MatrixPower[]`. Calculamos como ejemplo la potencia décima de una matriz particular

```
A = {{1, 0, 2}, {-1, 0, 0}, {1, -1, 0}};
Print["A^10 = ", MatrixPower[A, 10] // MatrixForm];
```

$$A^{10} = \begin{pmatrix} 2095 & -814 & 1846 \\ -923 & 358 & -814 \\ 1330 & -516 & 1172 \end{pmatrix}$$

## ■ La exponencial de una matriz

Para calcular la exponencial de una matriz cuadrada $A$, es decir, $e^A$ se utiliza la orden `MatrixExp[]`

```
A - {{2, 1}, {0, 1}};
Print["e^A = ", MatrixExp[A, 10] // MatrixForm];
```

$$e^A = \begin{pmatrix} e^{20} & -e^{10} + e^{20} \\ 0 & e^{10} \end{pmatrix}$$

# Funciones

## ■ Definición de funciones a trozos: la instrucción Which

Muchas veces conviene definir funciones a trozos, es decir, funciones que según el intervalo en que se muevan tienen comportamientos diferentes. La instrucción de *Mathematica* `Which[]` es la que nos permite definir funciones con estas características. Esta instrucción tiene como sintaxi *Which[test1, valor1, test2, valor2,...]* donde comprueba si el *test1* satiface, si es así devolverá el *valor1*, si no pasa a comprobar si satisface el *test2*, y así sucesivamente.

Veamos un ejemplo. La función siguiente es la identidad para valores negativos y *sen(x)* para valores positivos.

```
f[x_] := Which[x < 0, x,
               x ≥ 0, Sin[x]]
```

La dibujaremos entre $-2\pi$ i $2\pi$ para ver el efecto del cambio de una función otra en $x = 0$

```
Plot[f[x], {x, -2 π, 2 π}];
```

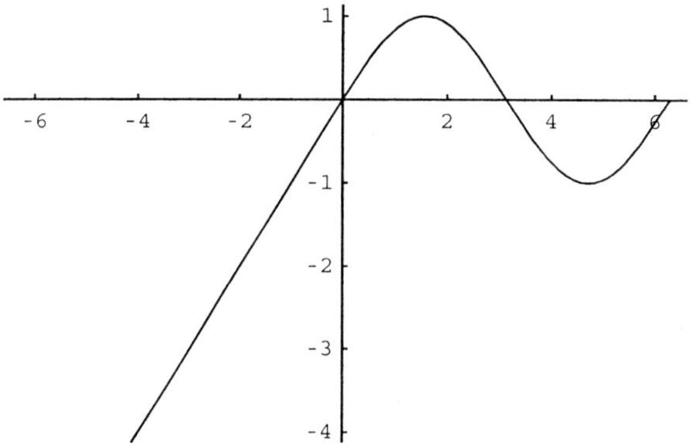


Otro ejemplo. La cantidad de impuestos a pagar $I$ para una persona es: el 20% de su renta *R* si no supera el millón de pesetas; 150.000 pesetas más el 30% de lo que pase del millón hasta 3 millones; 700.000 pesetas más el 40% del que pase de 3 millones.

Vamos a escribir la función de impuestos en función de la renta, que será la función definida a trozos siguiente

```
Imp[R_] := Which[R ≤ 1000000,             R * 0.2,
                 1000000 < R ≤ 3000000,  150000 + 0.3 (R - 1000000),
                 R > 3000000,            700000 + 0.4 (R - 3000000)]
```

La dibujaremos para ver los efectos de cambio entre funciones

```
Plot[Imp[R], {R, 0, 5000000}, AxesOrigin → {0, 0}];
```

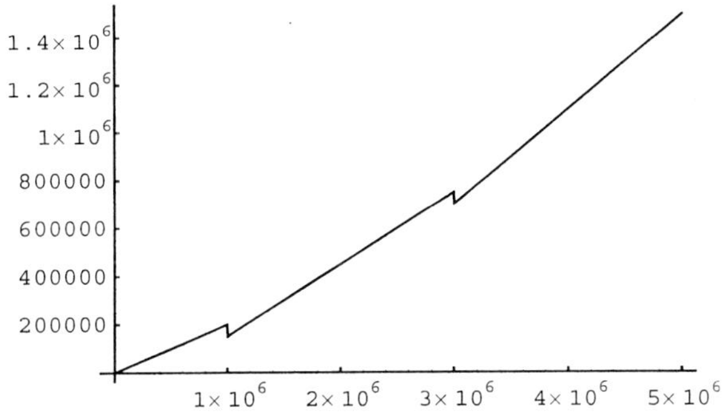


En los dos picos que aparecen, debería de haber una discontinuidad (un salto) que *Mathematica* dibuja continuamente.

## ■ Cálculo de límites

Para el cálculo de límites, *Mathematica* dispone de la instrucción **Limit[]** con la sintáxis *Limit[expr,x->a]*, que calcula el valor del límite de *expr* cuando *x* tiende a *a*. El valor de *a* puede ser finito o infinito, como podemos observar en los ejemplos siguientes,

```
Limit[Sin[x], x → π/2]
```

1

```
Limit[e^-x, x → ∞]
```

0

```
Limit[e^-x * x, x → -∞]
```

-∞

*Mathematica* también nos permite calcular límites laterales con la opción *Direction*. Si queremos calcular el límite por la izquierda escribimos *Direction->1*, y si lo queremos calcular por la derecha, *Direction->-1*. Por ejemplo

```
Limit[1/(x - 2), x → 2]
```

∞

este límite no existe.

```
Plot[1/(x - 2), {x, 1, 3}];
```

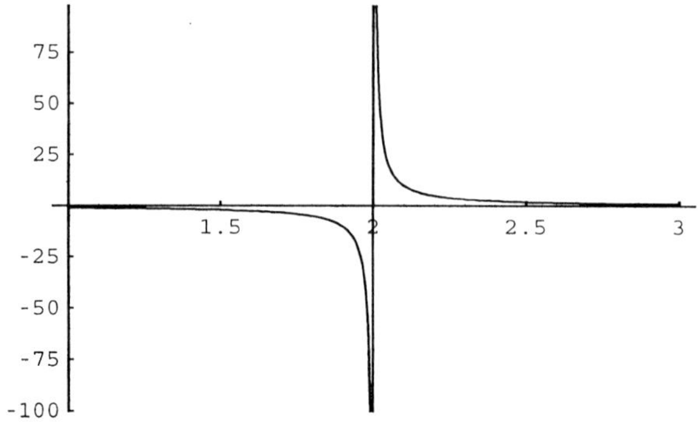


Eso significa o que los límites laterales son distintos o que alguno de estos no existen, comprobémoslo

```
Limit[1/(x - 2), x → 2, Direction → 1]
```

$-\infty$

```
Limit[1/(x - 2), x → 2, Direction → -1]
```

$\infty$

De lo que deducimos que $\frac{1}{x-2}$ presenta una asíntota vertical en $x = 2$.

Si existe el límite es porque los límites laterales existen y son iguales,

```
Limit[Sin[x] / x, x → 0, Direction → 1]
```

1

```
Limit[Sin[x] / x, x → 0, Direction → -1]
```

1

por ello

```
Limit[Sin[x] / x, x → 0]
```

1

Hasta ahora hemos calculado límites de modelos continuos, es decir, cuando la variable independiente puede tomar cualquier valor real (tenemos funciones $f(x)$, con $x$ un número real). Con la misma instrucción podemos calcular límites de modelos discretos (sucesiones), es decir, cuando la variable independiente sólo toma valores naturales (1,2,...), que representamos con $\{a(n);\ n - 1, 2, 3, \ldots\}$

Por ejemplo, vamos a considerar la sucesión $\{a(n);\ n = 1, 2, 3, \ldots\}$, siendo $a(n) = \left(1 + \frac{1}{n}\right)^n$. Para calcular el valor al cual tiende $a(n)$, cuando $n$ tiende a infinito, escribimos

```
Limit[(1 + 1/n)^n, n → ∞]
```

e

## ■ Cálculo de derivadas y derivadas sucesivas

Una forma de calcular derivadas es con la instrucción `D[]` con la sintáxis *D[f[x],x]*. Por ejemplo

```
f[x_] := (x^3 - 8 x^2 + 7)^2 / (x^2 - 1)
```

```
D[f[x], x]
```

$$\frac{2\,(-16\,x + 3\,x^2)\,(7 - 8\,x^2 + x^3)}{-1 + x^2} - \frac{2\,x\,(7 - 8\,x^2 + x^3)^2}{(-1 + x^2)^2}$$

También podemos deducir las reglas de derivación, por ejemplo la del producto

```
D[f1[x] * f2[x], x]
```

f2[x] f1′[x] + f1[x] f2′[x]

Podemos calcular las derivadas sucesivas de una función utilizando la sintáxis *D[f[x],{x,n}]*, que calcula la derivada *n*-ésima de *f*(*x*).

```
f[x_] := k Sin[x]
```

```
D[f[x], {x, 1}]
```

k Cos[x]

```
D[f[x], {x, 2}]
```

k Sin[x]

```
D[f[x], {x, 20}]
```

k Sin[x]

Otra manera de calcular la derivada de la función anterior es

```
f'[x]
```

k Cos[x]

```
f''[x]
```

-k Sin[x]

Como cabía esperar, hemos obtenido el mismo resultado.

También podemos evaluar directamente derivadas en un punto

```
f'[0]
```

k

## ■ Desarrollo de Taylor

Dada una función $f(x)$ derivable en $x = a$ $n+1$ veces, se puede expresar de la forma

$$f(x) = f(a) + f'(a)(x-a) + f''(a)\frac{(x-a)^2}{2!} + \cdots + f^{(n)}(a)\frac{(x-a)^n}{n!} + R_{n+1}(c)$$

para un determinado $c$ cercano a $a$. $R_{n+1}(c)$ es el residuo de Lagrange y viene dado por

$$R_{n+1}(c) = f^{(n+1)}(c)\frac{(x-a)^{n+1}}{(n+1)!}$$

y

$$P_n f(x, a) = f(a) + f'(a)(x-a) + f''(a)\frac{(x-a)^2}{2!} + \cdots + f^{(n)}(a)\frac{(x-a)^n}{n!}.$$

es el polinomip de Taylor de grado $n$.

Las instrucciones `Normal[Series[]]` con la sintáxis Normal[Series[f[x],{x,a,n}]] nos proporcionan el polinomio de Taylor de a lo sumo grado $n$ de la función $f(x)$ alrededor de $a$. Por ejemplo,

```
Normal[Series[Exp[x], {x, 0, 5}]]
```

$$1 + x + \frac{x^2}{2} + \frac{x^3}{6} + \frac{x^4}{24} + \frac{x^5}{120}$$

es el polinomio de Taylor de $e^x$ de grado 5 alrededor de 0.

Si omitimos la instrucción `Normal[]` obtenemos el polinomio de Taylor y el orden del residuo de Lagrange

```
Series[Exp[x], {x, 0, 5}]
```

$$1 + x + \frac{x^2}{2} + \frac{x^3}{6} + \frac{x^4}{24} + \frac{x^5}{120} + O[x]^6$$

El polinomio de Taylor de una función nos da una aproximación de la función cerca del punto $a$. Cuanto mayor sea el grado, $n$, mejor será la aproximación.

## ■ Cálculo y clasificación de los máximos y mínimos de una función

Vamos a desarrollar dos ejemplos.

Ejemplo 1:

Obtener los extremos (máximos y mínimos) de la función $y = \frac{x^3}{3} - 6x^2 + 32x$ definida en el intervalo [0,12].

Como se trata de una función definida en un intervalo cerrado, tendremos que estudiar los puntos críticos y los extremos del intervalo.

Comenzamos calculando los puntos críticos, que son aquellos que anulan la primera derivada

$$f[x\_] := \frac{x^3}{3} - 6x^2 + 32x$$

```
Solve[f'[x] == 0, x]
{{x → 4}, {x → 8}}
```

De modo que los puntos críticos son $x = 4$ y $x = 8$. Vamos a ver si en estos puntos la función tiene un máximo o mínimo relativo. Por ello evaluamos la segunda derivada en estos puntos

```
f''[4]
-4

f''[8]
4
```

Como $f''(4) < 0$, en $x = 4$ $f(x)$ tiene un máximo y como $f''(8) > 0$, en $x = 8$ la función tiene un mínimo.

Vamos a ver qué ocurre en los extremos. Evaluaremos lo que vale la función en los extremos y en los puntos críticos

```
{f[0], f[4], f[8], f[12]}
```

$\left\{0, \frac{160}{3}, \frac{128}{3}, 96\right\}$

Así que el máximo y mínimo absoluto se encuentra en los extremos. Resumiendo, hemos obtenido:

en $x = 0$, $f(x)$ tiene el mínimo absoluto, 0

en $x = 4$, $f(x)$ tiene un máximo relativo, $\frac{160}{3}$

en $x = 8$, $f(x)$ tiene un mínimo relativo, $\frac{128}{3}$

en $x = 12$, $f(x)$ tiene el máximo absoluto, 96.

Lo podemos comprobar representando la función

$\text{Plot}\left[\frac{x^3}{3} - 6x^2 + 32x, \{x, 0, 12\}, \text{PlotRange} \to \{-1, 100\}\right]$

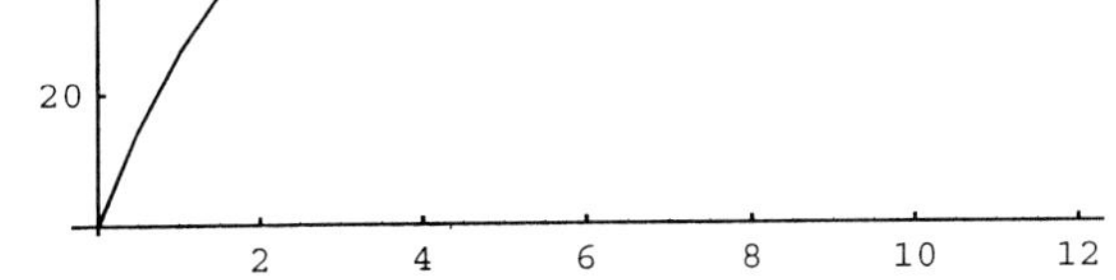


Ejemplo 2:

Obtener los extremos (máximos y mínimos) de la función $y = x^4 - 8x^3 + 24x^2 - 32x + 16$.

Para obtener los candidatos a extremos, calcularemos los puntos críticos

```
g[x_] := x^4 - 8 x^3 + 24 x^2 - 32 x + 16

Solve[g'[x] == 0, x]
{{x → 2}, {x → 2}, {x → 2}}
```

El único punto crítico es $x = 2$. Analizaremos lo que pasa en este punto con el criterio de la segunda derivada

```
g''[2]
0
```

Como la segunda derivada en el punto crítico nos da cero, no obtenemos ninguna información. Deberemos de utilizar el criterio de la derivada $n$-ésima. Calcularemos las derivadas sucesivas $g^{(n)}(x)$ hasta obtener la primera que no se anule

```
g'''[2]
0

g''''[2]
24
```

Como la primera derivada que no se anula es la cuarta, cuatro es un número par, y además $g^{(4)}(2) > 0$, en $x - 2$ la función tiene un mínimo relativo.

Si dibujamos la función

```
Plot[g[x], {x, -3, 5}]
```

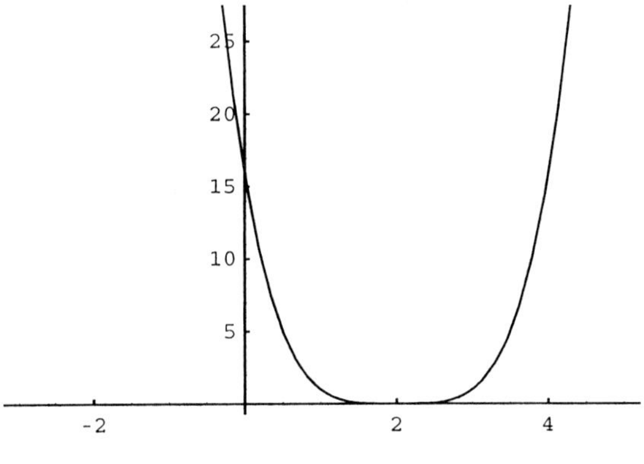


observamos que el mínimo es absoluto.

Resumiendo, en $x = 2$, la función $g(x)$ tiene un mínimo absoluto y no tiene ningún máximo.

## ■ Cálculo de integrales

*Mathematica* nos permite calcular integrales definidas e indefinidas con la instrucción **Integrate[]**. Para el cálculo de integrales indefinidas utilizaremos la sintáxis *Integrate[f[x],x]*, o $\int_{\square}^{\square} \square \, d\square$ de la paleta, por ejemplo

$$\text{Integrate}\left[\frac{1}{e^x (8+e^{-x})^2}, x\right]$$

$$-\frac{e^{-2x}(1+8e^x)}{8(8+e^{-x})^2}$$

Fijémonos que *Mathematica* sólo nos devuelve una primitiva. Para obtenerlas todas tendremos que sumar una constante de integración, por tanto

$$\int \frac{1}{e^x (8+e^{-x})^2}\, dx = -\frac{e^{-2x}(1+8e^x)}{8(8+e^{-x})^2} + C$$

Cuando la integral sea definida utilizaremos la sintáxis *Integrate[f[x],{x,a,b}]*, donde *a* y *b* son los límites de integración inferior y superior, respectivamente.

Para calcular $\int_0^p \frac{2x^3+x}{x^4+x^2+1}\, dx$ escribimos

$$\text{Integrate}\left[\frac{2x^3+x}{x^4+x^2+1}, \{x, 0, p\}\right]$$

$$\frac{1}{2}\text{Log}[1+p^2+p^4]$$

La sintáxis no cambia si tenemos una integral impropia. Por ejemplo

$$\text{Integrate}\left[\frac{1}{x^2+1}, \{x, -\infty, \infty\}\right]$$

$$\pi$$

# Miscelánea

## ■ Comprobación de que dos resultados son iguales

Muchas veces nos salen expresiones que no parecen iguales, pero que se hace necesario comprobarlo. Por eso se puede usar `TrueQ[]` y `FullSimplify[]`.

`TrueQ[]` devuelve verdadero (*True*) si la igualdad es cierta o falso (*False*) si no lo es, aunque devolverá *False* si la respuesta no está clara. En estos casos convendrá usar `FullSimplify[]` para facilitar a `TrueQ[]` la tarea. Veamos algunos ejemplos.

$$\text{TrueQ}\left[\frac{x}{2} == \frac{1}{2}x\right]$$

```
True
```

$$\text{TrueQ}\left[\frac{x}{2} == \frac{1}{2}x^2\right]$$

```
False
```

Hay ocasiones, en que si las expresiones son un poco complicadas devuelve *False* cuando es verdadero. Hacemos una descomposición en fracciones simples

$$\texttt{Apart}\left[\frac{1}{(3+x)\,(1+x)^3}\right]$$

$$\frac{1}{2\,(1+x)^3}-\frac{1}{4\,(1+x)^2}+\frac{1}{8\,(1+x)}-\frac{1}{8\,(3+x)}$$

Por tanto, la expresión siguiente debería de ser verdadera

$$\texttt{TrueQ}\left[\frac{1}{(3+x)\,(1+x)^3}==\frac{1}{2\,(1+x)^3}-\frac{1}{4\,(1+x)^2}+\frac{1}{8\,(1+x)}-\frac{1}{8\,(3+x)}\right]$$

```
False
```

pero resulta Falsa. Para salvar este tipo de contingencias, hemos de usar `FullSimplify[]`

$$\texttt{TrueQ}\left[\frac{1}{(3+x)\,(1+x)^3}==\texttt{FullSimplify}\left[\frac{1}{2\,(1+x)^3}-\frac{1}{4\,(1+x)^2}+\frac{1}{8\,(1+x)}-\frac{1}{8\,(3+x)}\right]\right]$$

```
True
```

Para matrices también es válido

$$m=\begin{pmatrix}1 & 6\\ 3 & 2\end{pmatrix};$$

```
TrueQ[m.Inverse[m] == IdentityMatrix[2]]
True
```

## ■ Descomposición en fracciones simples

La descomposición en fracciones simples se puede hacer en *Mathematica* con la función `Apart[]`. Por ejemplo

$$\texttt{Apart}\left[\frac{1}{(3+x)\,(1+x)^3}\right]$$

$$\frac{1}{2\,(1+x)^3}-\frac{1}{4\,(1+x)^2}+\frac{1}{8\,(1+x)}-\frac{1}{8\,(3+x)}$$

Eso quiere decir que

$$\texttt{Print}\left[\text{"}\frac{1}{(3+x)\,(1+x)^3}=\text{"},\ \texttt{Apart}\left[\frac{1}{(3+x)\,(1+x)^3}\right]\right]$$

$$\frac{1}{(3+x)\,(1+x)^3}=\frac{1}{2\,(1+x)^3}-\frac{1}{4\,(1+x)^2}+\frac{1}{8\,(1+x)}-\frac{1}{8\,(3+x)}$$

La operación contraria a `Apart[]` es `Together[]`. Veámoslo haciendo lo contrario que en el ejemplo anterior

```
Together[1/(2 (1 + x)^3) - 1/(4 (1 + x)^2) + 1/(8 (1 + x)) - 1/(8 (3 + x))]
```

$$\frac{1}{(1+x)^3\,(3+x)}$$

## ■ Binomio de Newton y fórmulas derivadas de este

El binomio de Newton es el correspondiente a la fórmula

$$(a+b)^n = \binom{n}{0} a^n + \binom{n}{1} a^{n-1}\, b + \binom{n}{2} a^{n-2}\, b^2 + \cdots + \binom{n}{n-2} a^2\, b^{n-2} + \binom{n}{n-1} a\, b^{n-1} + \binom{n}{n} b^n$$

donde

$$\binom{n}{m} = \frac{n!}{m!\,(n-m)!}.$$

A continuación, vamos a poner una serie de igualdades derivadas del binomio de Newton y que son muy utilizadas en operaciones matemáticas

```
Print["(a+b)^2 = ", Expand[(a + b)^2]];
Print["(a-b)^2 = ", Expand[(a - b)^2]];
Print[""];
Print["(a+b)^3 = ", Expand[(a + b)^3]];
Print["(a-b)^3 = ", Expand[(a - b)^3]];
Print[""];
Print["(a+b) (a-b) = ", Expand[(a + b) (a - b)]];
Print[""];
Print["(a+b+c)^2 = ", Expand[(a + b + c)^2]];
```

$(a+b)^2 = a^2 + 2\,a\,b + b^2$

$(a-b)^2 = a^2 - 2\,a\,b + b^2$

$(a+b)^3 = a^3 + 3\,a^2\,b + 3\,a\,b^2 + b^3$

$(a-b)^3 = a^3 - 3\,a^2\,b + 3\,a\,b^2 - b^3$

$(a+b)\,(a-b) = a^2 - b^2$

$(a+b+c)^2 = a^2 + 2\,a\,b + b^2 + 2\,a\,c + 2\,b\,c + c^2$

Variando estas fórmulas, podemos obtener el desarrollo de la expresión que deseemos.

## ■ Mensajes de error y de advertencia de *Mathematica*

No hay mucha costumbre de leer los mensajes en rojo o azul que da *Mathematica*, y que una lectura apropiada permitiría corregir errores y ahorrar desesperaciones del tipo "no sé, no va" o "es que no me sale".

Por otra parte, la sintáxis de *Mathematica* es en ocasiones difícil y es conveniente comprobar cada término que escribimos para no cometer errores.

Para ilustrar los errores y mensajes más comunes, veremos unos ejemplos e interpretaremos sobre lo que quieren decir.

### Errores *General spell*

Cuando aparece un aviso *General spell* quiere decir que *Mathematica* ha detectado que alguna de las palabras que hemos escrito es muy parecida a alguna que ya tiene definida *Mathematica* o una que hemos definido nosotros anteriormente. De esta manera *Mathematica* nos avisa que este parecido puede ser porque nos hemos equivocado en escribirla.

Veamos un ejemplo en que definiremos la variable *Numero* y después querremos llamarla como *numero*

```
Numero = 30;

numero

General::spell1 : Possible spelling error: new symbol
   name "numero" is similar to existing symbol "Numero".

numero
```

Como se puede leer en el mensaje 'el nuevo símbolo "numero" es parecido al símbolo existente "Numero"'.

Eso también puede ocurrir con las funciones de *Mathematica*

$\texttt{sin}[\frac{\pi}{2}]$

```
General::spell1 : Possible spelling error: new
   symbol name "sin" is similar to existing symbol "Sin".
```

$\texttt{sin}[\frac{\pi}{2}]$

Si lo hubiésemos escrito correctamente sería

$\texttt{Sin}[\frac{\pi}{2}]$

```
1
```

### Errores de reutilización de variables

Este error ocurre con mucha frecuencia y **siempre se ha de estar muy alerta**. Ya que durante una sesión *Mathematica* se guarda TODAS las variables y operaciones que hacemos, resulta fácil, sin querer, usar una variable que ya hace tiempo que hemos usado y que tiene un valor asignado, para otras tareas, y claro, el resultado que sale no tiene nada que ver con el esperado.

Supongamos que al principio de la sesión definimos la variable *a* como

$$a = \begin{pmatrix} 1 & 2 \\ 3 & 4 \end{pmatrix};$$

y que al cabo de una hora, que ya no nos acordamos que habíamos definido la variable *a* después de haber hecho operaciones, queremos calcular

$$\begin{pmatrix} a & b \\ c & d \end{pmatrix} . \begin{pmatrix} x \\ y \end{pmatrix} \text{ // MatrixForm}$$

```
Dot::rect : Non-rectangular tensor encountered.

{{{{1, 2}, {3, 4}}, b}, {c, d}}.{{x}, {y}}
```

Evidentemente nos da un error, indicando que la matriz $\begin{pmatrix} a & b \\ c & d \end{pmatrix}$ no es una matriz rectangular y por tanto no se puede hacer ninguna operación. Y además, no sabemos qué hace aquí *{{1,2},{3,4}}* porque ya no nos acordamos de cuándo definimos la variable *a* y que éste era su valor asignado.

Para evitar esto, es conveniente hacer uso de la instrucción `Clear[]`, que borra el contenido de las variables y nos evita errores, o lo que es peor, resultados aparentemente correctos que no tienen nada que ver con el bueno.

Para que la anterior operación no nos produzca errores, tendremos que hacer

```
Clear[a];
```

$$\begin{pmatrix} a & b \\ c & d \end{pmatrix} . \begin{pmatrix} x \\ y \end{pmatrix} \text{ // MatrixForm}$$

$$\begin{pmatrix} a\,x + b\,y \\ c\,x + d\,y \end{pmatrix}$$

y el resultado ahora es correcto y no tiene ningún error.

### Errores al multiplicar matrices

$$\begin{pmatrix} 2 \\ 3 \end{pmatrix} . \begin{pmatrix} a & b \\ c & d \end{pmatrix}$$

```
Dot::dotsh :
 Tensors {{2}, {3}} and {{a, b}, {c, d}} have incompatible shapes.

{{2}, {3}}.{{a, b}, {c, d}}
```

Este mensaje de error nos indica que el producto de matrices que queremos hacer NO se puede porque el tamaño de las matrices no es compatible.

### Errores al resolver ecuaciones

```
Solve[Cos[x] == Sin[x], x]

Solve::ifun : Inverse functions are being
   used by Solve, so some solutions may not be found.
```

$$\left\{\left\{x \to -\frac{3\pi}{4}\right\}, \left\{x \to \frac{\pi}{4}\right\}\right\}$$

La instrucción *Solve[]* intenta resolver de forma exacta la ecuación calculando inversas de las funciones seno y coseno, pero eso significa que las soluciones sólo se pueden encontar en unos ciertos intervalos. En pocas palabras, *Mathematica* nos da unas soluciones, aunque no todas, porque le es posible, y nos informa de ello.

### Errores al dibujar funciones

También pueden aparecer errores cuando se dibuja una función. Por ejemplo

```
Plot[Log[x], {x, -1, 10}];

Plot::plnr : Log[x] is not a machine-size real number at x = -1..

Plot::plnr : Log[x] is not a machine-size real number at x = -0.553763.

Plot::plnr : Log[x] is not a machine-size real number at x = -0.0671032.

General::stop :
 Further output of Plot::plnr will be suppressed during this calculation.
```

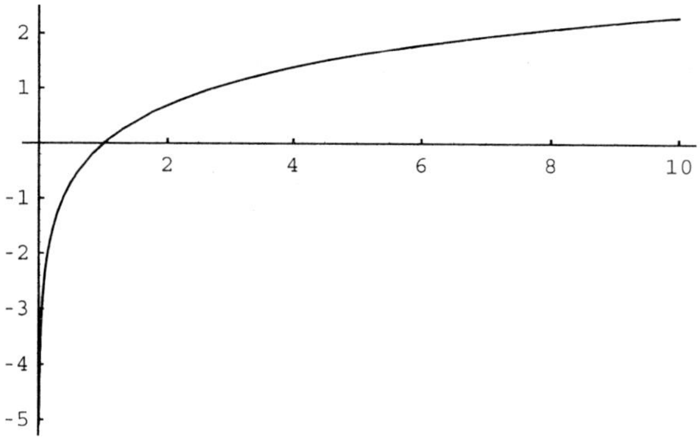


*Mathematica* nos indica que la función logaritmo no existe para algunos valores del intervalo en que queremos dibujarla, en este caso, los valores no positivos. Así y todo, la gráfica la dibuja donde puede hacerlo, aunque hay ocasiones que no dibuja nada.

# Bibliografía

**E. Castillo, A. Iglesias, J.M. Gutiérrez, E. Álvarez, A. Cobo**, *Mathematica* (serie 'Domine al 99%'), Paraninfo, 1994.

**C.J. Huang, P.S. Crooke**, Mathematics and *Mathematica* for Economists, Blackwell Publishers,1997.

**K. Sydsaeter, P.J. Hammond**, Matemáticas para el análisis económico, Prentice-Hall, 1996.

**S. Wolfram**, The *Mathematica* book, 4th edition, Cambridge University Press, 1999.

Rocío Cortés Grao
Juan Carlos Cortés López
Lucas Jódar Sánchez
Gema Orero Girol
Dolors Roselló Ferragud
Rafael J. Villanueva Micó

# CURT MANUAL DE *MATHEMATICA*

Departament de Matemàtica Aplicada

**UNIVERSIDAD POLITÈCNICA DE VALÈNCIA**

EDITORIAL UPV Ref.: 2003.470

Edita: EDITORIAL DE LA UPV
Camí de Vera, s/n
46071 VALÈNCIA
Tel.96 387 70 12
Fax 96 387 79 12

Imprimeix: REPROVAL, S.L.
Tel.96 369 22 72

Dipòsit Legal: V-2783-2002
I.S.B.N.: 84-9705-407-5

# Índex

Aquest *Curt Manual de Mathematica* consta de dues parts. La primera és la que de veres és introducció a *Mathematica*. La segona és una reunió de totes aquelles coses que els nostres alumnes volen saber, i de fet acaben preguntant-nos, per a fer els problemes que els posem.

Algunes coses apareixen repetides. Altres, intencianadament, les expliquem de forma diferent.

Diuen que les coses curtes i bones són dues vegades bones. Nosaltres ho hem fet curt. Els nostres alumnes ens diran si és bo.

Els autors
València, Maig 2003

# Introducció a *Mathematica*

## Per a què es pot utilitzar *Mathematica*?

Per a tindre una visió global del que és el programa *Mathematica*, explicarem primer quines són les seues possibilitats.

*Mathematica* es pot usar com:

- **Una calculadora:** podem fer les mateixes operacions (i moltes més) que qualsevol calculadora de butxaca.
- **Un paquet amb rutines de càlcul numèric:** amb *Mathematica* es poden fer moltes operacions que requereixen de funcions o procediments, com integració numèrica o programació lineal, perquè ja estan implementades.
- **Una calculadora simbòlica:** *Mathematica* està dissenyat per a fer operacions amb matemàtica infinita, és a dir, com si les ferem nosaltres, utilitzant paràmetres, substituint una variable per una altra, etc.
- **Una potent ferramenta de càlcul simbòlic:** *Mathematica* permet derivar, integrar, calcular límits, resoldre equacions diferencials, fer operacions amb funcions, etc.
- **Un paquet gràfic:** amb *Mathematica* es poden dibuixar gràfics i objectes amb 2 i 3 dimensions. Es pot canviar el punt de vista, canviar de coordenades. També fa animacions.
- **Un llenguatge de programació d'alt nivell:** *Mathematica* inclou un llenguatge de programació que redueix significativament el temps d'implementació respecte a altres llenguatges, com C o Pascal.
- **Un sistema per a crear documents interactius:** aquest document que lliges ara, està escrit amb *Mathematica*. Igual que aquest, es poden crear documents en els quals s'incloguen texts, gràfics, execucions de funcions i algoritmes, animacions, so, etc.
- **Un sistema que pot integrar-se amb altres programes:** *Mathematica* permet que altres programes puguen comunicar-se amb ell, i enviar-li instruccions perquè les execute i la resposta la torne al programa que li l´ha demanada.

# Introduint-se en *Mathematica*

*Mathematica* és un paquet de càlcul simbòlic. Això significa que pot treballar amb nombres i amb símbols. *Mathematica* treballa amb operacions exactes, sempre que no forcem que treballe numèricament o que el volum de càlculs obligue a passar a aritmètica de punt flotant perquè no es produïsca una saturació (*overflow*).

## ■ El *FrontEnd* i el *Kernel*

*Mathematica* consta de dos parts, el *Kernel* (o nucli) i el *FrontEnd*. El *FrontEnd* és la interfície que veiem, en la qual escrivim les nostres instruccions. El *FrontEnd* interpreta les instruccions que escrivim i les envia al Kernel. Aquest l'executa i torna el resultat al *FrontEnd* perquè ens el traduïsca i el presente en un format que nosaltres entenguem.

El llenguatge que permet la comunicació entre el *FrontEnd* i el *Kernel* es diu *MathLink*.

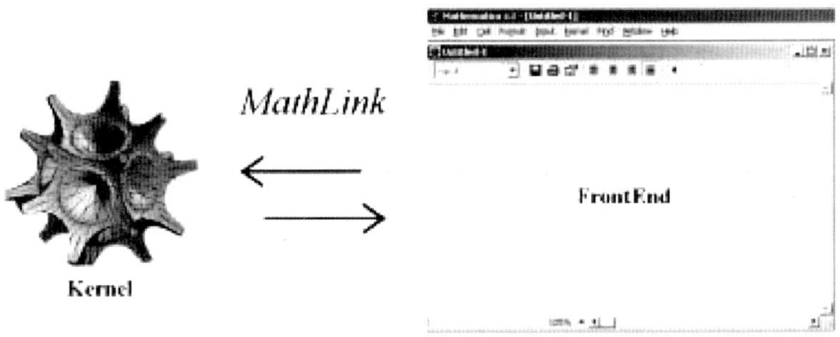


## ■ *Notebooks* i *packages*

Els *notebooks* són els fitxers en què treballem amb *Mathematica*. Aquests fitxers tenen extensió **.nb**.

Els *packages* són fitxers de funcions específiques relacionades d'alguna forma. Per exemple, el directori de *Mathematica Linear Algebra* conté *packages* formats per funcions d'àlgebra lineal com *GaussianElimination*, *MatrixManipulation* o *Tridiagonal*. Cadascun d'aquests *packages* té funcions per al tractament d'un aspecte de l'àlgebra lineal. Aquests fitxers tenen extensió **.m**. Per a fer ús, per exemple, de les funcions del *package Tridiagonal* que estan al directori *Linear Algebra* es carreguen amb la instrucció següent:

```
<< LinearAlgebra`Tridiagonal`
```

o la següent:

```
Needs["LinearAlgebra`Tridiagonal`"]
```

Aquesta última instrucció té l'avantatge que si el *package* ja està carregat, no torna a carregar-lo. Les cometes ` són l'accent greu del teclat.

El símbol **<<** es pot gastar per a carregar qualsevol fitxer amb instruccions de *Mathematica.* Per exemple, si volem carregar un fitxer de funcions definides per nosaltres que es diu *FuncMeues.nb* i que està al directori *c:\math*, haurem d'escriure la instrucció

```
<< c:\math\FuncMeues.nb
```

## ■ Cel·les

Les cel·les són agrupacions mínimes d'informació dins del *notebook*. Les cel·les són diferents, depenent del que continguen.

Si és de línia senzilla amb un triangle en la part superior, és executable.

Si és de línies dobles, és que està executant-se.

Si en la part superior hi ha una xicoteta ratlla doble transversal, és una cel·la que no podrà executar-se perquè conté text o una imatge.

Si hi ha en el cantó superior un triangle i una ratlla, és una cel·la de resposta d'una execució.

## ■ Les paletes

Les paletes són *notebooks* que faciliten l'escriptura d'instruccions amb símbols matemàtics. Les paletes predefinides de *Mathematica* es poden obtindre des del menú *File-Palettes*. L'usuari també es pot definir les seues paletes pròpies i integrar-les a *Mathematica*. En la figura següent apareix la paleta *Basic Input.*

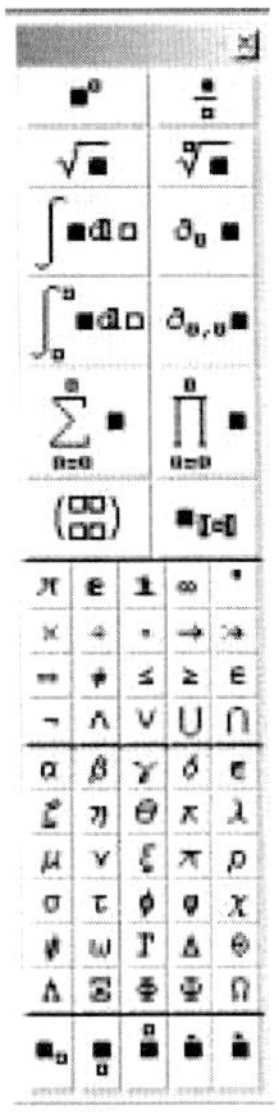

## ■ El botó dret del ratolí

El botó dret del ratolí activa un menú emergent amb les accions més comunes que es puguen realitzar sobre la cel·la, com per exemple, copiar, pegar, avaluar, canviar la cel·la de format, etc.

## ■ Els menús

Els menús de *Mathematica*, com els de qualsevol programa *Windows*, apareixen en la part superior. Els menús de què consta *Mathematica* són:

- **File:** Amb aquest menú podrem fer les accions clàssiques de qualsevol programa *Windows* en el mateix menú, és a dir, crear fitxers nous (*New*), obrir fitxers (*Open...*), tancar fitxers (*Close*), guardar-los (*Save* i *Save As...*), enviar-los per correu electrònic (*Sent To*), imprimir-los (*Print...*), eixir del programa (*Exit*). A més, podrem gestionar les paletes de *Mathematica*.
- **Edit:** Amb aquest menú podrem desfer (*Undo*), tallar (*Cut*), copiar (*Copy*), pegar (*Paste*), Borrar (*Clear*), i altres accions d'edició i traducció d'entre els diversos formats que gestiona *Mathematica*.
- **Cell:** A causa que *Mathematica* es divideix en cel·les, es necessita un menú que ens permeta gestionar les cel·les, assignar-les propietats, unir-les, agrupar-les, dividir-les, etc. A més, en aquest menú es poden fer accions sobre imatges, gràfics i so.
- **Format:** Ací podem canviar el format de les cel·les. Fonts, tipus de lletres, capçaleres, estil del *notebook*, etc. També podem canviar l'aparença de l'àrea de treball, i posar-li una barra de ferramentes al cap del *notebook*, fer que la lletra hi aparega més gran, o que es mostren els talls de pàgina per a saber com quedarà l'escrit quant s'imprimisca.
- **Input:** Aquest menú és un calaix de sastre, perquè té el que no cap en altres menús. Ací es gestionen els objectes 3D i so, es creen botons i paletes, etc.
- **Kernel:** Ací gestionarem tot el que té a veure amb la connexió entre el *FrontEnd* i el *Kernel*. Connectar-lo, desconnectar-lo, configurar la connexió, executar instruccions, interrompre-les, avortar-les. A més, es poden llevar/posar els lletrerets de *In[]* i *Out[]* de les instruccions executades i esborrar totes les eixides (*Out[]*) al *notebook*.
- **Find:** Amb aquest menú tenim totes les opcions possibles per a buscar, trobar i reemplaçar text.
- **Window:** Menú típic d'un programa *Windows* per a organitzar les finestres i seleccionar la finestra desitjada.
- **Help:** Ací podem accedir a totes les opcions de l'ajuda. L'ajuda ha millorat molt des de la versió 3.0, i permet editar i canviar els exemples i executar-los dins de la mateixa ajuda. És una de les millors ajudes que hem vist en un programa *Windows* i recomanem que s'utilitze per la seua funcionalitat, les facilitats que té per a trobar, com està de ben estructurada i la gran quantitat d'exemples modificables que conté.

## ■ Com comencem a escriure

Per a començar a escriure, cal situar-se amb el ratolí en una zona del *notebook* on el punter del ratolí es pose horitzontal. Aquests llocs poden ser entre dos cel·les o després de l'última cel·la.

Una volta el punter del ratolí estiga horitzontal, punxem i hi apareixerà una recta horitzontal i ja podrem escriure.

## ■ Com executem una instrucció

*Mathematica* és un programa que per a executar una cel·la es necessita estar situat dins d'ella o tindre-la seleccionada, i polsar la combinació de tecles **<Shift + Enter>** o **<Majúscules + Intro>** (en la figura, combinació de tecles més obscures), o simplement en la tecla o <**Intro**> del teclat numèric.

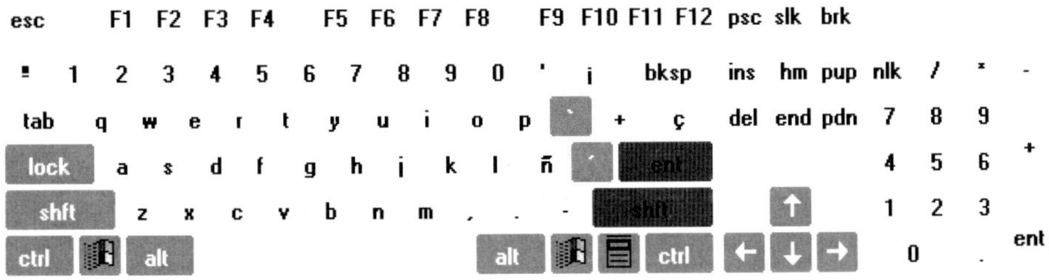


## ■ Majúscules i minúscules

És important ressenyar que *Mathematica* distingeix entre majúscules i minúscules. És a dir, no és la mateixa funció o variable "CASA", que "CaSa", que "casa". En qualssevol dels casos, quan s'avalua una cel·la, automàticament *Mathematica* detecta si hi ha variables o noms de funcions semblants i mostra un missatge d'advertiment (General::spelling).

## ■ El punt i coma (;)

En *Mathematica* el punt i coma té diversos usos:

- **Separar instruccions dins d'un programa o procediment.** Per exemple, la funció següent calcula per a cada x el sinus de x i tant x com el sinus de x els mostra per pantalla.

```
f[x_] := Module[{aux},
                aux = Sin[x];
                Print["Per al valor ", x, ", el seu sinus val ", aux, "."]]
f[π]
Per al valor π, el seu sinus val 0.
```

- **Evitar respostes (*Out[]*) de *Mathematica* que no són interessants o que no són rellevants.** Això pot passar quan definim una variable o fem càlculs molt grans que després utilitzarem però que no tenim interés a visualitzar-los. Hem de tindre en compte que la visualització de resultats llargs és una de les coses que més memòria del sistema consumeix. Vegem uns exemples. Primer quan no utilitzem el punt i coma,

```
variable = {1, 2, 3}
{1, 2, 3}
```

mentre que si utilitzem el punt i coma

```
variable = {1, 2, 3};
```

Ací la variable l'hem definida nosaltres, per tant no necessitem que *Mathematica* ens responga amb el valor de la variable.

## ■ Comentaris

En *Mathematica* els comentaris s'escriuen entre `(* comentari *)`. Per exemple,

```
g[x_] := Sin[x] (* Definim la funció g[x] com el sinus de x *)
```

Quan s'execute la instrucció, el que està dins de `(*  *)` no s'avalua.

## ■ ? i ??

Encara que ja hem parlat de l'ajuda (*Help*) de *Mathematica*, hi ha altres maneres d'obtenir informació d'una funció, com són les instruccions `?` i `??` Les dues tenen l'avantatge que podem usar caràcters comodins. Ara veurem diversos exemples per a aclarir-ne el funcionament.

`?` pot ajudar-nos a localitzar funcions amb un patró. Per exemple, la instrucció següent em donarà totes les funcions que té *Mathematica* i que comencen per la paraula *Graphics*.

```
?Graphics*
```

**System`**

Graphics  Graphics3D  GraphicsArray  GraphicsData  GraphicsGrouping  GraphicsSp

Amb `?` també podem obtenir informació sobre la definició d'una funció. Per exemple, de la funció *Graphics3D*

```
?Graphics3D

Graphics3D[primitives, options]
   represents a three-dimensional graphical image. More...
```

`??` fa el mateix que `?` però obtenim molta més informació sobre la funció. Per exemple,

```
??Graphics3D

Graphics3D[primitives, options]
   represents a three-dimensional graphical image. More...
```

```
Attributes[Graphics3D] = {Protected, ReadProtected}

Options[Graphics3D] = {AmbientLight → GrayLevel[0], AspectRatio → Automatic,
  Axes → False, AxesEdge → Automatic, AxesLabel → None, AxesStyle → Automatic,
  Background → Automatic, Boxed → True, BoxRatios → Automatic,
  BoxStyle → Automatic, ColorOutput → Automatic, DefaultColor → Automatic,
  Epilog → {}, FaceGrids → None, ImageSize → Automatic,
  Lighting → True, LightSources → {{{1., 0., 1.}, RGBColor[1, 0, 0]},
    {{1., 1., 1.}, RGBColor[0, 1, 0]}, {{0., 1., 1.}, RGBColor[0, 0, 1]}},
  Plot3Matrix → Automatic, PlotLabel → None, PlotRange → Automatic,
  PlotRegion → Automatic, PolygonIntersections → True,
  Prolog → {}, RenderAll → True, Shading → True,
  SphericalRegion → False, Ticks → Automatic, ViewCenter → Automatic,
  ViewPoint → {1.3,  2.4, 2.}, ViewVertical → {0., 0., 1.},
  DefaultFont :→ $DefaultFont, DisplayFunction :→ $DisplayFunction,
  FormatType :→ $FormatType, TextStyle :→ $TextStyle}
```

## ■ Operacions bàsiques: suma, resta, multiplicació i divisió

En *Mathematica*,quan estem treballant amb nombres la suma es fa amb el signe +, la resta amb el signe -, la multiplicació amb * (i no amb ., que està reservat per a multiplicar matrius!) o un espai en blanc, i la divisió amb /. Vegem-ne uns exemples.

```
2 + 3
5

2 - 3
-1

2 * 3
6

2 3
6

2 / 3
2
-
3
```

Com és costum, en cas de combinar aquestes funcions cal tindre en compte les precedències de les operacions i utilitzar els parèntesis quan calga.

## ■ *Print*

La funció **Print[]** és la que ens permet traure resultats amb format. Aquesta funció no presenta més que l'exida de dades demanada. Vegem alguns exemples.

```
Print["Açò és una prova."];

x = 3;
Print["El doble de ", x, " és ", 2 x,
      ", i el seu cosinus és ", Cos[x], "."]
```

```
Açò és una prova.
El doble de 3 és 6, i el seu cosinus és Cos[3].
```

## ■ Definició normal i definició diferida

*Mathematica* té dues formes d'assignar i/o definir variables i funcions, una que anomenarem normal i una altra diferida. En la normal, per exemple,

```
x = 3 * 4 + 2 - 4 * y;
```

*Mathematica* calcula l'expressió del membre de la dreta i l'assigna a la variable *x*. En la diferida, per exemple,

```
x := 3 * 4 + 2 - 4 * y;
```

el càlcul del membre de la dreta no es fa fins que no necessitem fer operacions amb *x*. Vegem un exemple on es mostra la diferència entre les dues definicions. Assignem el valor 3 a la variable *b* i calcularem que val *xNormal* i *xDiferida*.

```
b = 4;
xNormal = 1 + b;
xDiferida := 1 + b;

Print["xNormal = ", xNormal];
Print["xDiferida = ", xDiferida];
```

```
xNormal = 5
xDiferida = 5
```

Ara canviem el valor de *b* i tornem a avaluar *xNormal* i *xDiferida*.

```
b = 6;
Print["xNormal = ", xNormal];
Print["xDiferida = ", xDiferida];
```

```
xNormal = 5
xDiferida = 7
```

Com es por apreciar, els resultats són diferents pel fet que la definició diferida es recalcula cada vegada que es crida la variable i d'aquesta manera inclou qualsevol canvi en les variables que componen la definició, en aquest cas, de *xDiferida*.

## ■ La funció *N*

Ja hem indicat abans que *Mathematica* és un paquet de càlcul simbòlic, i per tant treballa de forma simbòlica. Això vol dir que no treballarà amb decimals si no és necessari (càlculs molt grans) o nosaltres el forcem. Una manera de forçar-lo és utilitzant la funció `N[]`. La funció `N[]` dóna una aproximació decimal d'un valor exacte. Per exemple, volem obtenir una aproximació del nombre $\pi$.

```
N[π]
3.14159
```

Per defecte, *Mathematica* sol traure 5 o 6 xifres decimals. Per a traure'n més, tan sols hem de dir-li-ho a la funció `N[]`. Per a obtenir 30 decimals de $\pi$

```
N[π, 30]
3.14159265358979323846264338328
```

## ■ Notació normal i postfixa

En *Mathematica* hi ha dues maneres d'escriure una instrucció per a executar-la després. De forma normal, per exemple

```
N[√2]
```

o de forma postfixa, per exemple

```
√2 // N
```

S'ha de dir que això sols és vàlid quan apliquem la funció a un únic argument.

## ■ Funcions *Clear* i *Remove*

*Mathematica* guarda durant la sessió tot allò que s'ha fet. Per tant, és fàcil utilitzar com a argument d'una funció una variable que hem definit prèviament i això porta a càlculs erronis. Per a poder esmenar aquests errors, tenim a la mà dues funcions, `Clear[]` i `Remove[]`.

`Clear[]` neteja els valors i les definicions dels símbols que apareixen dins de `[]`.

`Remove[]` elimina les variables i funcions dels símbols que apareixen dins de `[]` fins al punt que *Mathematica* ja no els reconeix més.

Les dues funcions admeten caràcters comodí. Vegem alguns exemples.

```
a = 34
Clear[a];
?a
34
Global`a
```

Per a `Clear[]`, *Mathematica* entén que té una variable en el sistema que es diu *a*, però que no conté cap valor, encara que al principi l'hem definit com a 34.

```
a = 34
Remove[a];
?a
34
Information::notfound : Symbol a not found.
```

Per a `Remove[]`, *Mathematica* no sap a què ens referim quan li preguntem per la variable *a*.

En l'exemple següent , *Mathematica* netejarà (`Clear[]`) totes les variables de la sessió que comencen per la lletra a

```
Clear["a*"];
```

i en el següent, *Mathematica* netejarà totes les variables de la sessió que continguen la lletra b,

```
Clear["*b*"];
```

i finalment, en el següent, *Mathematica* netejarà totes les variables.

```
Clear["*"];
```

## ■ Matemàtiques en *Mathematica*

En les últimes versions de *Mathematica* s'ha cuidat el fet que les instruccions que s'escriguen siguen com més paregut millor a les expressions matemàtiques reals, i d'aquesta manera, s'aconsegueix que ensenyar-se *Mathematica* siga cada vegada més fàcil.

Per a ajudar-nos en aquesta empresa, s'han inclòs en *Mathematica* les paletes. Per exemple, en la paleta *Basic Input* que hem posat abans podem escriure la majoria dels símbols que necessitem. Però hi ha unes altres amb símbols més específics, o amb diversos tipus de lletres, o amb funcions de simplificació de polinomis, etc.

Per a utilitzar un símbol o funció d'una paleta, sempre hem de fer el mateix, punxar-hi en la paleta i omplir el quadrets que ens hi apareixeran. Per exemple, per a escriure (i després calcular) $\int \frac{x^2}{2} dx$ haurem de punxar en la icona

$\int \blacksquare \, d\square$

i apareixerà en el *notebook*

$\int \square \, d\square$

Omplim els quadrets

$\int x \, dx$

seleccionem la primera x, punxem sobre la icona

$\blacksquare^{\square}$

i hi apareixerà

$$\int x^{\square}\, dx$$

Omplim amb un 2 el quadret de l'exponent de x, seleccionem $x^2$ i punxem sobre la icona

$$\frac{\blacksquare}{\square}$$

i hi apareixerà

$$\int \frac{x^2}{\square}\, dx$$

Omplint el quadret del denominador amb un 2, tindrem

$$\int \frac{x^2}{2}\, dx$$

$$\frac{x^3}{6}$$

# Aritmètica bàsica

## ■ Classes de nombres

*Mathematica* ens permet treballar amb tota classe de nombres coneguts, sencers,

$$2^{400}$$

258224987808690858965591917200301187432970579282922351283065935654064762 2\
01684119462964535328013783143590317197274749 3376

nombres racionals,

$$\frac{1}{2}\left(\frac{2}{3}-\frac{3}{5}\right)5$$

$$\frac{1}{6}$$

irracionals (que es tracten simbòlicament, si no diem el contrari),

$$\sqrt{2}$$

$$\sqrt{2}$$

i complexos

$$\frac{(2-3\,I)\,(1-I)}{-1+2\,I}$$

$$-\frac{9}{5}+\frac{7\,i}{5}$$

on $i$ és la unitat imaginària.

## ■ Diferents precisions en el càlcul

Quan hem parlat de la funció `N[]` hem dit que *Mathematica* treballa simbòlicament (o en precisió infinita, com també es diu) si no és que haja de fer càlculs molt grans o el forcem a treballar no simbòlicament, sinó numèricament. Una manera de forçar-lo és usar la funció `N[]`. Ara veurem unes altres formes.

En aquest primer exemple, calcularem de manera exacta (simbòlica) una suma de fraccions

$$\frac{3}{4}+\frac{2}{3}+\frac{1}{2}$$

$$\frac{23}{12}$$

I el resultat és exacte i simplificat. L'exemple següent és igual a l'anterior, però hem canviat $\frac{1}{2}$ per 0.5, que és una forma de forçar-lo perquè ens torne un resultat numèric

$$\frac{3}{4}+\frac{2}{3}+0.5$$

1.91667

Recordem que amb la funció `N[]` podem obtenir valors aproximats de nombres i resultats d'operacions amb els decimals que vulguem, per exemple

$N[\sqrt{2}]$

$N[2\sqrt{2}, 50]$

1.41421

2.8284271247461900976033774484193961571393437507539

Una instrucció d'interés és la funció `Chop[]` que reemplaça valors reals prop del zero pel sencer zero amb una tolerància de $10^{-10}$. Aquesta instrucció és molt útil quan es treballa amb numèric, perquè sempre hi ha valors xicotets que si s'eliminen es faciliten els càlculs.

Per exemple, el següent càlcul dóna una part imaginària molt xicoteta

```
valor = Exp[N[2 π i]]
```

$1. - 2.44921\times10^{-16}\, i$

Podem fer desapareixer la part imaginària amb `Chop[]`

```
Chop[valor]
1.
```

## ■ Definició de funcions

Les funcions en *Mathematica* tenen una estructura com la següent

```
NomdelaFunció[argument1_, argument2_, ..., argumentN_] :=
 Operacions per a fer amb els arguments.
```

La ratlleta _ denota que la paraula a la qual acompanya és un argument. Per exemple, definirem la funció $h(x) = x^2 + 1$,

$$h[x\_] := x^2 + 1$$

D'aquesta manera podrem avaluar la funció *h* en el punt que vulguem,

```
h[1]
h[y]
h[Sin[x^3 - 8]]
2
1 + y^2
1 + Sin[8 - x^3]^2
```

Encara que es poden definir funcions de manera normal i de manera diferida, nosaltres sempre ho farem de manera diferida perquè és la manera més natural.

Les funcions es poden combinar en la mateixa instrucció, per exemple

$$e^{Sin[h[5]]} \; // \; N$$

2.14375

## ■ Algunes funcions

Anem a fer un xicotet llistat de funcions conegudes i la seua sintaxi amb *Mathematica.* Per exemple:

- polinomis

$$p[x\_] := x^3 + 2x^2 - 3x + 7$$

- funcions racionals (quocient de polinomis)

$$q[x\_] := \frac{x^3 + 2x^2 - 3x + 7}{x^4 - 5x - 1}$$

- funcions irracionals

$$i[x\_] := \sqrt[3]{\frac{x^3 + 2x^2 - 3x + 7}{x^4 - 5x - 1}}$$

- funcions trigonomètriques: moltes d'elles ja venen definides per *Mathematica*, com el sinus, cosinus i la tangent

```
Sin[x]
Cos[x]
Tan[x]
```

- funcions exponencials: la de base $e$,

$$e^x$$

I d'altres bases, 2, 10 etc.

$2^x$

$10^x$

- funcions logarítmiques: neperià o natural

```
Log[x]
```

I d'altres bases, 2, 10, etc., encara que es reduïxen fàcilment a un logaritme neperià, com es pot vore

```
Log[2, x]
```

$$\frac{\text{Log}[x]}{\text{Log}[2]}$$

```
Log[10, x]
```

$$\frac{\text{Log}[x]}{\text{Log}[10]}$$

## ■ Llistes en *Mathematica*

Una llista és una relació d'expressions separades per comes i entre claus. Per exemple,

```
llista = {2, x, π, 8 + 2 I};
```

Les llistes són molt importants en *Mathematica*. Internament, quasi totes les funcions treballen amb llistes que després es transformen per a l'usuari en expressions que podem llegir. A més, cal tindre en compte que els vectors són llistes i les matrius, una llista de llistes.

En *Mathematica* hi ha moltes funcions que tenen l'atribut de ser llistables, és a dir, que es poden aplicar a una llista de manera que s'obté una llista on cada element és el valor de la funció aplicada a cada element de la llista original. Per exemple, si volem aplicar la funció sinus a la llista anomenada *llista* definida abans

```
Sin[llista]
{Sin[2], Sin[x], 0, Sin[8 + 2 i]}
```

La funció `Length[]` aplicada a una llista ens torna el nombre d'elements que té la llista, per exemple

```
Length[llista]
4
```

També es poden fer operacions bàsiques amb dues llistes. Definim dues llistes

```
llista1 = {a, b, c, d, e, f};
llista2 = {b, c, g, h};
```

La funció `Complement[]` torna els elements de la *llista1* que no estan en la *llista2*

```
Complement[llista1, llista2]
{a, d, e, f}
```

Ara calculem la intersecció de les dues llistes, és a dir, aquells elements que estan en les dues llistes al mateix temps

```
Intersection[llista1, llista2]
{b, c}
```

o també

```
llista1 ⋂ llista2
{b, c}
```

Ara calcularem la unió de les dues llistes, els elements que estan en una o en una altra llista, sense repeticions

```
Union[llista1, llista2]
{a, b, c, d, e, f, g, h}
```

o també

```
llista1 ⋃ llista2
{a, b, c, d, e, f, g, h}
```

La funció `Join[]` ajunta les dues llistes. És com la funció `Union[]` (⋃) però hi apareixen les repeticions

```
Join[llista1, llista2]
{a, b, c, d, e, f, b, c, g, h}
```

# Àlgebra lineal

## ■ Construcció de vectors i matrius

Com hem dit abans, en *Mathematica* un vector és una llista i una matriu és una llista on cada element és una llista. Vegem dos exemples. En el primer definim la variable *v* com una llista de 3 elements

```
v = {1, x - 1, x^2 + 1};
```

En el segon, tenim una llista en 3 elements que cadascun és una llista de 3 elements. Per tant, és una matriu $3 \times 3$

```
m = {{1, 2, 0}, {0, -1, 1}, {3, 1, 1}};
```

Estem acostumats a vore les matrius arregladetes com a caixes de nombres, no com a llistes de llistes. Per aquesta raó *Mathematica* incorpora la funció `MatrixForm[]` que permet vore la matriu en forma de caixa. Cal dir que aquesta funció no torna res, només és una funció de format, per tant, és inútil fer una assignació del tipus `m=MatrixForm[mat]` perquè *m* no guardarà res.

**MatrixForm[m]**

$$\begin{pmatrix} 1 & 2 & 0 \\ 0 & -1 & 1 \\ 3 & 1 & 1 \end{pmatrix}$$

La funció `Dimensions[]` torna una llista amb la dimensió del vector o matriu que hi haja en l'argument. Dos exemples.

**Dimensions[v]**

{3}

*v* és un vector de 3 components.

**Dimensions[m]**

{3, 3}

*m* és una matriu $3\times3$. Noteu que `Dimensions[]` és diferent de `Length[]`.

**Length[v]**
**Length[m]**

3

3

Per a `Length[]`, *m* també té 3 elements (una llista amb 3 elements). La instrucció següent ens tornarà la primera fila de la matriu *m*

**m[[1]]**

{1, 2, 0}

Amb la instrucció següent obtindrem l'element {1,1} de la matriu *m*

**m[[1, 1]]**

1

La funció `Table[]` està dissenyada per a generar de manera fàcil vectors i matrius en les quals els elements segueixen un patró. Vegem un exemple per a vectors en què obtindrem una llista on els elements són de la forma $2^k$ per a $k = 0, 1, 2, 3, 4, 5$

**Table[$2^k$, {k, 0, 5}]**

{1, 2, 4, 8, 16, 32}

En l´exemple següent obtindrem una matriu en la qual els elements són de la forma $x^n y^m$ per a $n - 0, 1, 2, 3$ i per a $m - 0, 1, 2$

**Table[$x^n y^m$, {n, 0, 3}, {m, 0, 2}]**

$\{\{1, y, y^2\}, \{x, x y, x y^2\}, \{x^2, x^2 y, x^2 y^2\}, \{x^3, x^3 y, x^3 y^2\}\}$

Podrem generar matrius diagonals amb la funció `DiagonalMatrix[]`; per exemple,

**DiagonalMatrix**$\left[\left\{\pi, \frac{\pi}{2}, \frac{\pi}{4}\right\}\right]$

$\left\{\{\pi, 0, 0\}, \left\{0, \frac{\pi}{2}, 0\right\}, \left\{0, 0, \frac{\pi}{4}\right\}\right\}$

i matrius identitat amb la funció `IdentityMatrix[]`; per exemple la d'ordre 2,

```
IdentityMatrix[2]
{{1, 0}, {0, 1}}
```

## ■ Combinacions lineals de vectors i productes de matrius

Per a multiplicar un escalar per un vector utilitzarem el símbol *, mentre que per a multiplicar matrius farem ús del . (punt). Vegem primer un exemple de combinació lineal. Multipliquem l'escalar *c* pel vector {*x*, *y*} i el sumem al producte de l'escalar *d* pel vector {*s*, *t*}

```
c * {x, y} + d * {s, t}
{d s + c x, d t + c y}
```

Ara multipliquem dos vectors (producte escalar)

```
{x, y}.{s, t}
s x + t y
```

A continuació farem el producte d'una matriu per un vector. Primer definim la matriu i el vector i després els multipliquem.

```
M = {{1, 2, 0}, {2, 0, -1}};
V = {a, b, c};
M.V
{a + 2 b, 2 a - c}
```

Amb *Mathematica* podem fer moltes altres operacions amb matrius, com calcular la trasposta,

```
Transpose[{{x, y, z}, {a, b, c}}] // MatrixForm
```

$$\begin{pmatrix} x & a \\ y & b \\ z & c \end{pmatrix}$$

calcular el determinant d'una matriu quadrada,

```
n = {{1, 3, 4}, {-1, 0, 1}, {1, 3, -1}};
Det[n]
-15
```

calcular la seua inversa

```
m = Inverse[n];
MatrixForm[m]
```

$$\begin{pmatrix} \frac{1}{5} & -1 & -\frac{1}{5} \\ 0 & \frac{1}{3} & \frac{1}{3} \\ \frac{1}{5} & 0 & -\frac{1}{5} \end{pmatrix}$$

i comprovar que, efectivament, és la inversa multiplicant-les

```
n.m // MatrixForm
```

$$\begin{pmatrix} 1 & 0 & 0 \\ 0 & 1 & 0 \\ 0 & 0 & 1 \end{pmatrix}$$

## ■ Sistemes d'equacions

A banda de calcular la inversa d'una matriu per a resoldre un sistema d'equacions lineals, hi ha altres formes i *Mathematica* ens les ofereix, com és la funció `LinearSolve[]`. Si volem resoldre el sistema $m\,x = b$ on

```
m = {{1, 2, -1}, {2, 3, 1}, {0, -2, 1}};
b = {1, 1, -2};
```

la funció següent ens dóna la solució utilitzant l'eliminació gaussiana

```
LinearSolve[m, b]
{-1, 1, 0}
```

Comprovem que pel mètode del càlcul de la inversa obtenim el mateix resultat

```
Inverse[m].b
{-1, 1, 0}
```

## ■ Valors i vectors propis

Els valor propis d'una matriu quadrada són les arrels del polinomi característic d'eixa matriu. El polinomi característic d'una matriu $A$ es calcula com $\det(A-\lambda I)$, on $\lambda$ és un paràmetre i $I$ és la matriu identitat del mateix tamany que $A$. Amb *Mathematica*

```
A = {{3, 1, 0}, {2, 2, 0}, {1, 0, 1}};
polCar = Det[A - λ * IdentityMatrix[3]]
```

$4 - 9\lambda + 6\lambda^2 - \lambda^3$

Com que les arrels del polinomi característic són els valor propis, les calculem amb la instrucció `Solve[]` (aquesta instrucció s'explicarà amb detall més avant)

```
Solve[polCar == 0, λ]
{{λ → 1}, {λ → 1}, {λ → 4}}
```

La funció `Eigenvalues[]` calcula els valors propis d'una matriu quadrada. Per exemple,

```
n = {{3, 1, 0}, {2, 2, 0}, {1, 0, 1}};
Eigenvalues[n]
```

```
{1, 1, 4}
```

La funció **`Eigenvectors[]`** calcula els vectors propis associats als valors propis de la matriu. Per exemple,

```
Eigenvectors[n]
```

```
{{0, 0, 1}, {0, 0, 0}, {3, 3, 1}}
```

Hi ha vegades que volem calcular al mateix temps els valors i els vectors propis, conéixer quins vectors van associats a quins valors propis, quina és la matriu diagonal i quina la matriu de pas. És a dir, diagonalitzar la matriu.

Tot això podem fer-ho amb la instrucció **`Eigensystem[]`**, que torna una llista *{valors,vectors}* de valors propis i els vector propis associats i ordenats. Per exemple,

```
Eigensystem[n]
```

```
{{1, 1, 4}, {{0, 0, 1}, {0, 0, 0}, {3, 3, 1}}}
```

Que vol dir que els valors propis són 1 (doble) i 4. Associat a l'1 tenim el vector propi (0, 0, 1) (el (0,0,0) no és lliure i per tant no compta). I associat al 4 està el vector (3, 3, 1).

Com hem dit abans, amb **`Eigensystem[]`** podem diagonalitzar una matriu. Vegem un exemple

$$m4 = N\left[\begin{pmatrix} 1 & 2 & 3 & 2 \\ 5 & 3 & 1 & 8 \\ 6 & 2 & 8 & 9 \\ 4 & 2 & 1 & 7 \end{pmatrix}\right];$$

```
{valorProp, vectorProp} = Eigensystem[m4];
```

Els valors propis donen la forma diagonal

```
matDiag = Chop[DiagonalMatrix[valorProp]];
MatrixForm[matDiag]
```

$$\begin{pmatrix} 14.9901 & 0 & 0 & 0 \\ 0 & 4.72699 & 0 & 0 \\ 0 & 0 & -1.27955 & 0 \\ 0 & 0 & 0 & 0.562502 \end{pmatrix}$$

Els vectors propis per columnes són la matriu de pas

```
matP = Transpose[vectorProp];
MatrixForm[matP]
```

$$\begin{pmatrix} -0.278736 & -0.217944 & -0.847457 & -0.713683 \\ -0.411127 & 0.454619 & 0.407251 & -0.406348 \\ -0.797578 & -0.796445 & 0.179532 & -0.00537884 \\ -0.342272 & 0.333911 & 0.289363 & 0.570534 \end{pmatrix}$$

Comprovem la diagonalització

```
Chop[Inverse[matP].m4.matP] // MatrixForm
```

$$\begin{pmatrix} 14.9901 & 0 & 0 & 0 \\ 0 & 4.72699 & 0 & 0 \\ 0 & 0 & -1.27955 & 0 \\ 0 & 0 & 0 & 0.562502 \end{pmatrix}$$

## ■ Potències i exponencial d'una matriu

Per a calcular potències d'una matriu, s'utilitza **`MatrixPower[]`**. A aquesta instrucció hi ha que posar-li dos paràmetres, la matriu i la potència a la que volem elevar-la. Vegem un exemple

$$\mathbf{A} = \begin{pmatrix} 1 & 2 & 3 & 2 \\ 5 & 3 & 1 & 8 \\ 6 & 2 & 8 & 9 \\ 4 & 2 & 1 & 7 \end{pmatrix};$$

```
Print["A^3 = ", MatrixPower[A, 3] // MatrixForm]
```

$$A^3 = \begin{pmatrix} 549 & 308 & 436 & 910 \\ 843 & 493 & 582 & 1411 \\ 1570 & 868 & 1259 & 2594 \\ 700 & 408 & 488 & 1171 \end{pmatrix}$$

Per a calcular l'exponencial d'una matriu, la funció que s'utilitza és **`MatrixExp[]`**. Vegem un exemple

$$\mathbf{B} = \begin{pmatrix} 1 & 0 & 0 \\ 0 & 2 & 1 \\ 2 & 0 & 0 \end{pmatrix};$$

```
Print["e^B = ", MatrixExp[B] // MatrixForm]
```

$$e^B = \begin{pmatrix} e & 0 & 0 \\ 1 - 2e + e^2 & e^2 & -\frac{1}{2} + \frac{e^2}{2} \\ -2 + 2e & 0 & 1 \end{pmatrix}$$

# Resolució d'equacions

*Mathematica* té les funcions **`Solve[]`** i **`NSolve[]`** per a resoldre equacions. **`Solve[]`** és per a obtindre solucions exactes i **`NSolve[]`** per a obtindre solucions numèriques. La sintaxi és

**`Solve[eqns, vars]`** resol l'equació *eqns* per a les variables *vars*.

Per a **`NSolve[]`** és la mateixa sintaxi. Vegem alguns exemples. Observeu que la igualtat de l´equació es fa amb == (dos iguals)

**Solve**[$x^3 - 3x^2 - x == 0$, x]

$\{\{x \to 0\}, \{x \to \frac{1}{2}(3 - \sqrt{13})\}, \{x \to \frac{1}{2}(3 + \sqrt{13})\}\}$

**NSolve**[$x^3 - 3x^2 - x == 0$, x]

```
{{x → -0.302776}, {x → 0.}, {x → 3.30278}}
```

**Solve[Sin[x] Cos[x] == 0, x]**

```
Solve::ifun : Inverse functions are being
   used by Solve, so some solutions may not be found.
```

$\{\{x \to 0\}, \{x \to -\frac{\pi}{2}\}, \{x \to \frac{\pi}{2}\}\}$

En aquest últim exemple, *Mathematica* ens avisa que no pot calcular inverses de les funcions que apareixen en l'equació i que potser, per això, que no hi apareguen totes les solucions, o que les obtingudes no siguen correctes.

També podem usar aquestes funcions per a resoldre sistemes d'equacions. Observeu que el sistema d'equacions està entre claus

**Solve**[$\{x + \sqrt{y} == 1, (x + y)^2 == y\}$, {x, y}]

```
{{y → -1, x → 1 - i}, {y → 1, x → 0}}
```

**NSolve**[$\{x^2 + y^2 == 1, x^2 == y\}$, {x, y}]

```
{{y → -1.61803, x → 1.27202 i}, {y → -1.61803, x → -1.27202 i},
 {y → 0.618034, x → -0.786151}, {y → 0.618034, x → 0.786151}}
```

**Solve**[$\{(x + y)^3 == 1, (x + y)^2 == 1\}$, {x, y}]

```
Solve::svars : Equations may not give solutions for all "solve" variables.
```

```
{{x → 1 - y}}
```

En aquest últim exemple, una equació és funció de l'altra. Per això *Mathematica* ens contesta que la solució ve donada en funció de l'altra variable.

## Límits, derivades i integració

### ■ Límits de funcions

Amb *Mathematica* podem calcular límits de funcions. Vegem uns exemples.

**Limit**[$\frac{x^2 + x - 2}{x - 1}$, $x \to 1$]

3

$$\text{Limit}\left[\frac{\text{Tan}[x]}{x},\ x \to 0\right]$$

1

$$\text{Limit}[e^{x},\ x \to \infty]$$

$\infty$

La fletxa → s'aconsegueix amb ->. *Mathematica* fa després la traducció.

## ■ Derivades

*Mathematica* té dues formes (sintaxi) de calcular derivades. Per a veure-ho, definim la funció *f* com el sinus de *x*,

```
f[x_] := Sin[x]
```

La primera manera en la qual podem calcular la derivada és com `f'[]`

```
f'[x]
Cos[x]
```

i la segona manera és amb la funció `D[]` incloent-hi la variable respecte a la qual derivem,

```
D[f[x], x]
Cos[x]
```

A més, de forma directa podem calcular la derivada d'una funció en un punt. En l'exemple següent, calcularem (sense haver de fer el càlcul de la derivada prèviament), $f'(\frac{\pi}{2})$.

$$f'\left[\frac{\pi}{2}\right]$$

0

## ■ Integrals

Amb *Mathematica* podem calcular primitives de funcions

$$\int \frac{1}{(x-1)^2+4}\, dx$$

$$\frac{1}{2}\,\text{ArcTan}\left[\frac{1}{2}\,(1+x)\right]$$

integrals definides

$$\int_0^{\pi} \text{Sin}[x]\, dx$$

2

i integrals impròpies

$$\int_0^{+\infty} e^{-x^2}\, dx$$

$$\frac{\sqrt{\pi}}{2}$$

## Equacions diferencials

Per a resoldre equacions diferencials *Mathematica* té la funció `DSolve[]`. La sintaxi és

`DSolve[eqn, y, x]` resol l'equació diferencial per a la funció *y* amb la variable independent *x*.

Vegem dos exemples

```
DSolve[y'[x]-y[x]==0, y[x], x]
```

$\{\{y[x] \to e^{x}\, C[1]\}\}$

```
DSolve[x''[t]+x[t]==0, x[t], t]
```

$\{\{x[t] \to C[1]\,\mathrm{Cos}[t] + C[2]\,\mathrm{Sin}[t]\}\}$

En els exemples anteriors, la solució depén d'una constant atés que no hi hem inclòs cap condició inicial. En els exemples següents la incloem. Observeu que les condicions inicials són una part de l'equació i que està entre claus.

```
DSolve[{y'[x]-y[x]==0,
        y[0]==1},y[x], x]
```

$\{\{y[x] \to e^{x}\}\}$

L'equació d'abans té una condició inicial perquè és d'ordre 1. La que vorem ara té dues condicions inicials perquè és d'ordre 2.

```
DSolve[{x''[t]-x'[t]-2x[t]==0,
        x[0]==0,
        x'[0]==1}, x[t], t]
```

$$\left\{\left\{x[t] \to \frac{1}{3}\, e^{-t}\,(-1 + e^{3t})\right\}\right\}$$

També es poden resoldre sistemes d'equacions diferencials. Vegem un exemple

```
DSolve[ {x'[t] == y[t],
         y'[t] == x[t]}, {x[t], y[t]}, t ]
```

$$\Big\{\Big\{x[t] \to \frac{1}{2}\, e^{-t}\,(1 + e^{2t})\, C[1] + \frac{1}{2}\, e^{-t}\,(-1 + e^{2t})\, C[2],$$
$$y[t] \to \frac{1}{2}\, e^{-t}\,( 1 + e^{2t})\, C[1] + \frac{1}{2}\, e^{-t}\,(1 + e^{2t})\, C[2]\Big\}\Big\}$$

## Gràfiques en 2D

La funció que ens permet amb *Mathematica* dibuixar gràfiques en dues dimensions és `Plot[]`. Aquesta funció té moltes opcions, alguna de les quals estudiarem. Comencem amb un exemple senzill. Dibuixarem la funció $\mathrm{Sin}[x]^2 + 2x\,\mathrm{Cos}[x]$ a l'interval $[-4\pi, 4\pi]$

```
Plot[Sin[x]^2 + 2 x Cos[x], {x, -4 π, 4 π}];
```

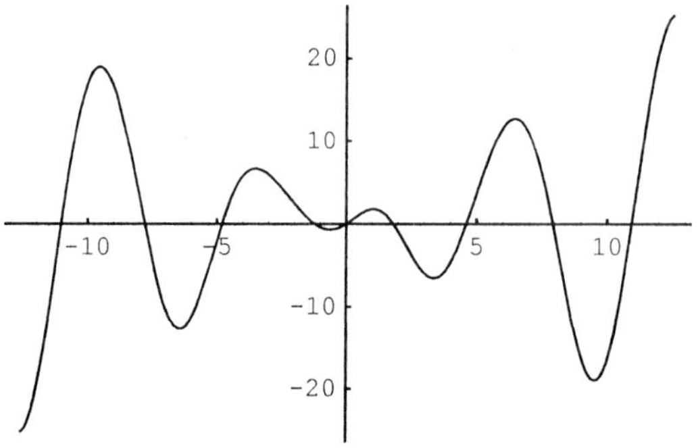


Per a dibuixar dues funcions (o més) juntes, les posem entre claus i separades per comes, com en l'exemple següent:

```
Plot[{Sin[x], e^x}, {x, -π, π}];
```

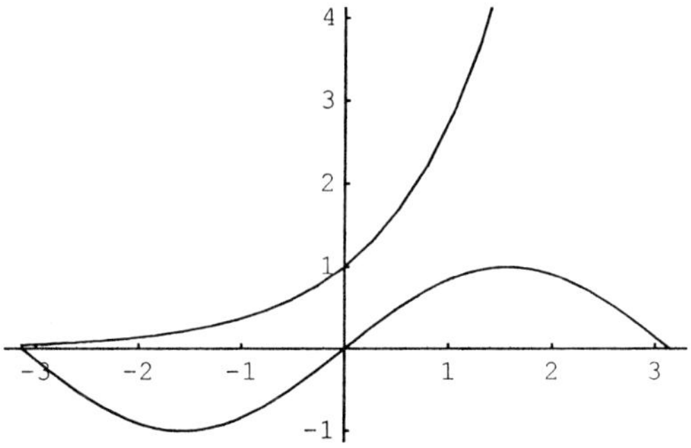


*Mathematica* dibuixa la funció en el lloc que creu que és més apropiat, però això no vol dir que siga el més rellevant per a nosaltres. Hem de tindre molta precaució amb això i per a mostra un exemple. Sabem que la funció $x^2+5$ no té arrels reals, però si ens fiem en la gràfica que ens dona *Mathematica*

```
Plot[x^2 + 5, {x, -3, 3}];
```

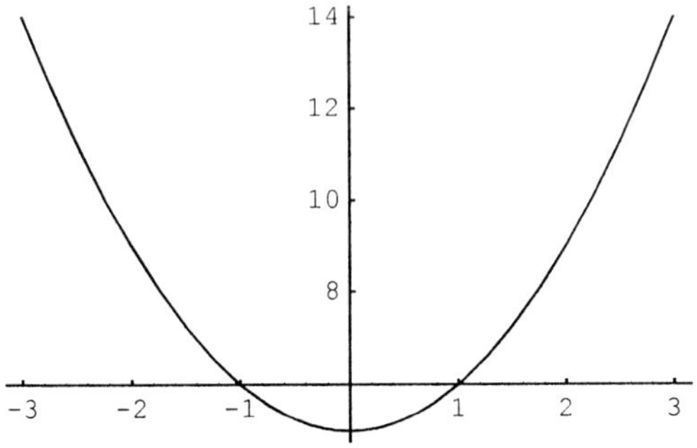


podríem pensar (erròniament) que sí. Si ens hi fixem, l'origen de coordenades no està al (0, 0). *Mathematica* ha estimat (i la veritat siga dita que té raó com a continuació vorem) que la funció no té res rellevant en el (0, 0) i l'ha dibuixada en un altre lloc.

Per a fixar l'origen de coordenades en un punt, en el nostre cas el (0, 0), usarem l'opció **AxesOrigin->{0,0}**. Vegem

```
Plot[x^2 + 5, {x, -3, 3}, AxesOrigin → {0, 0}];
```

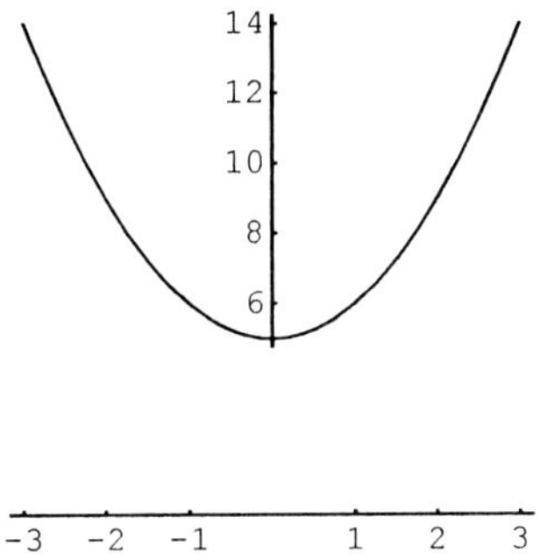


Ara sí que es veu que no hi ha arrels reals. I també es veu que la informació de la funció prop del (0, 0) no és rellevant, perquè no hi ha res.

## ■ Un exemple boniquet i complet

Vorem ara un exemple on inclourem diverses opcions per a fer una gràfica quasi "professional". Primer definim les funcions a dibuixar

```
f1[x_] := 2 x;
f2[x_] := Sin[x];
f3[x_] :- Sin[x] + 2;
f4[x_] := Sin[x] + 1;
```

Ara definirem una variable a la qual direm *ls* i li assignarem el límit superior de l'interval on volem dibuixar les gràfiques. Afegirem les opcions

**AxesOrigin→{0,0}**, que posarà l'origen de coordenades en el (0, 0),

`AxesLabel→{"Bé x        ","Bé y"}`, que etiquetarà els eixos X amb el rètol *Bé x* i a l'eix Y amb el rètol *Bé y*,

`PlotRange→{0,4}`, que farà que sols es dibuixen els valors de l'eix Y que estiguen en l'interval [0, 4],

`PlotStyle→{...}`, que ens deixarà modificar el dibuix estàndard de les funcions com ara expliquem:

`Text["Funció 1",{ls,f1[ls]},{-1,0}]` farà que en el punt {ls, f1[ls]} (en aquest cas, l'extrem dret de la funció) s'escriga el rètol "Funció 1". Els paràmetres {-1,0} indiquen que s'escriurà començant des del punt cap a la dreta.

`RGBColor[1,0,0]` li dóna color a la gràfica com a combinació dels colors roig (R), verd (G) i blau (B). El valors es prenen des de 0 fins a 1. En aquest cas, {1,0,0} és el color roig, el {0,0,1} és el blau i el {1,0,1} el fúcsia.

`GrayLevel[0]` dóna nivell de gris a la gràfica. Va de 0 a 1, on el 0 és el negre i l'1 és el blanc.

Podeu fer proves canviant els paràmetres!

```
ls = 2; (* límit superior del interval on anem a dibuixar *)
Plot[{f1[x], f2[x], f3[x], f4[x]}, {x, 0, ls},
      AxesOrigin → {0, 0},
      AxesLabel → {"Bé x        ", "Bé y"},
      PlotRange → {0, 4},
      PlotStyle →
    {{Text["Funció 1", {ls, f1[ls]}, {-1, 0}],
          RGBColor[1, 0, 0]},
      {Text["Funció 2", {ls, f2[ls]}, {-1, 0}],
          RGBColor[0, 0, 1]},
      {Text["Funció 3", {ls, f3[ls]}, {-1, 0}], GrayLevel[0]},
      {Text["Funció 4", {ls, f4[ls]}, {-1, 0}],
          RGBColor[1, 0, 1]}}];
```

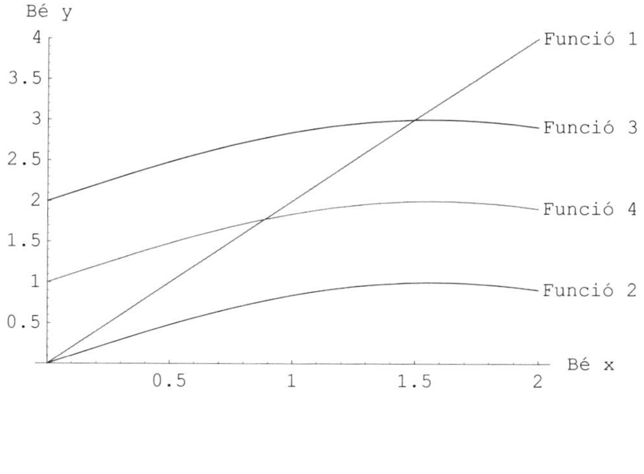

## Un poquet de programació

Creiem que és important fer una xicoteta introducció a la programació amb *Mathematica*, perquè encara que el que hem vist puga paréixer-nos important i estalviador de càlculs tediosos, la potència real d'aquest programari és la programació, que pot ajudar-nos a implementar amb facilitat procediments que *a priori* ens resulten dificultosos.

La millor manera per a introduir-nos en la programació és fer un exemple. En l'exemple plantejarem el problema i proposarem la solució. Després, presentarem les funcions de *Mathematica* que necessitarem per a implementar el procediment, presentarem el codi, l'explicarem i l'executarem.

### ■ Presentació del problema

Volem fer una estimació del valor del nombre $\pi$ per un mètode probabilístic anomenat mètode MonteCarlo.

Suposem que tenim un quadrat de fusta el costat del qual fa 1 i en què hem dibuixat un cercle de radi $\frac{1}{2}$ com es veu en la figura següent:

```
cercle = Graphics[{GrayLevel[0], Circle[{1/2, 1/2}, 1/2]}];
quadrat = Graphics[{GrayLevel[0.8], Rectangle[{0, 0}, {1, 1}]}];
Show[quadrat, cercle, AspectRatio → Automatic];
```

Ara procedirem a jugar als dards. Suposem que cada dard que tirem cau dins del quadrat. Contarem un punt si cau dins del cercle i no en contarem cap si cau fora del cercle (dins del quadrat).

Segons la teoria, la probabilitat que llancem un dard i caiga dins del cercle és l'àrea del cercle ($\pi(\frac{1}{2})^2 = \frac{\pi}{4}$) dividit per l'àrea del quadrat ($1 \times 1 = 1$). Per tant

$$\text{Probabilitat que un llançament de dard caiga dins del cercle} = \frac{\pi}{4}.$$

## ■ Solució del problema i proposta d'algoritme

Així, per a aproximar el valor de $\pi$ farem molts llançaments de dards, dividirem els que caiguen dins del cercle pels que hagem tirat (aproximació a $\frac{\pi}{4}$) i el resultat el multiplicarem per 4. Així obtindrem una aproximació de $\pi$.

Recordem que una circumferència de centre $(a, b)$ i de radi $r$ té com a equació $(x-a)^2+(y-b)^2=r^2$, i els punts $(x, y)$ que estan dins del cercle són els que satisfan $(x-a)^2+(y-b)^2 \leq r^2$. Per al nostre cercle això es traduïx en $\left(x-\frac{1}{2}\right)^2+\left(y-\frac{1}{2}\right)^2 \leq \frac{1}{4}$.

En quant a fer un disseny d'algoritme, aquest podria ser:

**PAS 1.** Simulació d'un llançament de dard.

Guardar en la variable $x$ un valor aleatori real entre 0 i 1.

Guardar en la variable $y$ un valor aleatori real entre 0 i 1.

**PAS 2.** Comprovar si la tirada ha caigut dins del cercle o fora.

$(x, y)$ ha caigut dins del cercle si $\left(x-\frac{1}{2}\right)^2+\left(y-\frac{1}{2}\right)^2 \leq \frac{1}{4}$. En aquest cas, li sumarem 1 a la variable comptador DINS.

Sumar 1 a la variable comptador TIRADES.

**REPETIREM** els passos 1 i 2 tantes vegades com tirs vulguem fer.

**PAS 3.** Una volta fetes totes les tirades, aproximem el valor de $\pi$ per $4 * \frac{\text{DINS}}{\text{TIRADES}}$.

## ■ Funcions de *Mathematica* necessàries

Per a escriure el codi necessari caldran les funcions:

- `Module[{x=x0,y,...},expr]` fa que les variables inicialitzades o no *x*, *y*, ..., que apareixen en *exp*, es tracten com a variables locals.
- `For[començ,test,incr,cos]` executa *començ*, aleshores repetidament avalua *cos* i *incr* fins que *test* torna vertader.
- `Random[]` torna un valor real aleatori entre 0 i 1.
- `If[condicio,v,f]` torna *v* si *condició* és vertadera i *f* si és falsa.
- `Return[expr]` torna el valor *expr* dins d'una funció.

## ■ Implementació i explicació del codi

```
ValordePi[TIRADES_] := Module[{DINS = 0, x, y, i},
        For[i = 1, i ≤ TIRADES, i++,
            x = Random[];
            y = Random[];
            If[(x - 1/2)^2 + (y - 1/2)^2 ≤ 1/4, DINS += 1]
        ];
        Return[DINS/TIRADES * 4]
    ]
```

En la primera línia fem que les variables que definim siguen locals i desapareguen del sistema quan acabe el procediment. Dins del bucle `For[]` generem tirades aleatòriament i dins de `If[]` comprovem si cauen dins del cercle i, en cas afirmatiu, sumem 1 a la variable DINS. Una vegada acabat `For[]`, calculem l'aproximació del valor de $\pi$.

## ■ Execució i proves

Avaluarem ara la funció abans implemetada per a 100.000 tirades de dards.

```
TIRADES = 100000;
ap = ValordePi[TIRADES] // Timing;
Print["El valor aproximat de π obtingut amb ",
  TIRADES, " tirades és ", ap[[2]], " ≈ ", N[ap[[2]], 10],
  " en un temps de ", ap[[1]] / Second, " segons."];
Print["El valor exacte de π amb cinc xifres decimals exactes és ",
  N[π, 6], "."];
```

El valor aproximat de $\pi$ obtingut amb 100000 tirades és $\frac{78427}{25000} \approx 3.13708$ en un temps de 4.907 segons.

El valor exacte de $\pi$ amb cinc xifres decimals exactes és 3.14159.

Com vegem, amb 100.000 tirades obtenim dues xifres decimals exactes. A més, hem inclòs la funció `Timing[]` que ens torna el temps que ha utilitzan *Mathematica* per a fer els càlculs. Diferents execucions del procediment donen diferents resultats.

#### Observació final

Recordeu que les execucions de *Mathematica* sempre tornen algun resultat, però no té perquè ser el que busquem o el que volem. Perquè *Mathematica* siga una útil, cal saber què fem a cada pas, analitzar els resultats i utilitzar el coneixement!

# Com es fa ... ?

## Resolució d'equacions

### ■ Resolució de sistemes d'equacions lineals

Anem a resoldre el sistema d'equacions lineals

$$\begin{cases} 3x - 4y = 13 \\ 2x + 3y = 3 \end{cases}$$

Podem utilitzar la instrucció `Solve[]`, bé definint cadascuna de les equacions

```
Solve[{3 x - 4 y == 13, 2 x + 3 y == 3}, {x, y}]
{{x → 3, y → -1}}
```

o bé amb la forma matricial

```
A = {{3, -4}, {2, 3}};
b = {13, 3};

Solve[A.{x, y} == b, {x, y}]
{{x → 3, y → -1}}
```

Com hem obtingut una única solució es tracta d'un sistema compatible determinat.

*Mathematica* disposa d'una instrucció específica per a resoldre sistemes d'equacions lineals, es tracta de `LinearSolve[]`. Per a resoldre el sistema anterior amb aquesta ordre escriurem

```
LinearSolve[A, b]
{3, -1}
```

Cal tindre en compte que amb la instrucció `LinearSolve[]` *Mathematica* sols ens torna una solució. Per a saber si és la única solució haurem de comprovar si el sistema és compatible determinat. En aquest cas, és suficient comprovar que el determinant de la matriu *A* és distint de zero

```
Det[A]
17
```

Com el sistema que estem resolent és de dues equacions amb dues incògnites, podem obtindre la seua solució gràficament.

Si aïllem en cadascuna de les equacions la variable $y$, obtenim les equacions de les rectes $y=(3x-13)/4$, $y=(3-2x)/3$. Obtindre la solució gràficament és calcular el punt de tall d'aquestes rectes

```
Plot[{(3 x - 13) / 4, (3 - 2 x) / 3}, {x, -1, 5}]
```

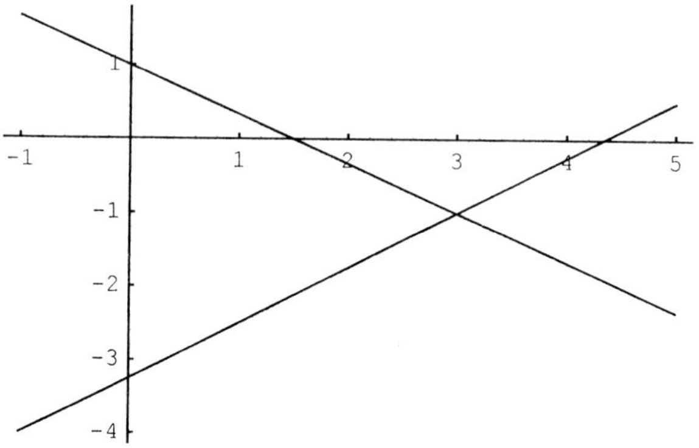


Com el sistema és compatible determinat, obtenim un únic punt de tall, que correspón a la solució del sistema $x=3$, $y=-1$.

Anem a resoldre el sistema d'equacions lineals

$$\begin{cases} 3x-4y-13 \\ -\frac{3}{2}x+2y=-\frac{13}{2} \end{cases}$$

Utilitzant la instrucció **Solve[]**, amb equacions i matricialment, obtenim, respectivament

$$\texttt{Solve}\left[\left\{3x-4y==13,\ -\frac{3}{2}x+2y==-\frac{13}{2}\right\},\ \{x,y\}\right]$$

```
Solve::svars :
 Equations may not give solutions for all "solve" variables.
```

$$\left\{\left\{x\to\frac{13}{3}+\frac{4y}{3}\right\}\right\}$$

$$A=\left\{\{3,-4\},\left\{-\frac{3}{2},2\right\}\right\};$$

$$b=\left\{13,-\frac{13}{2}\right\};$$

```
Solve[A.{x, y} == b, {x, y}]
```

```
Solve::svars :
 Equations may not give solutions for all "solve" variables.
```

$$\left\{\left\{x\to\frac{13}{3}+\frac{4y}{3}\right\}\right\}$$

*Mathematica* ens avisa que es tracta d'un sistema compatible indeterminat, la solució del qual és $x=\frac{13}{3}+\frac{4y}{3}$, $y\in\mathbb{R}$.

Si utilitzem la instrucció

**LinearSolve[A, b]**

$\left\{\frac{13}{3}, 0\right\}$

sols obtenim una solució. Això no vol dir que el sistema siga compatible determinat, com podem comprovar si calculem el determinant

**Det[A]**

0

En aquest cas, la solució obtinguda és la corresponent a $y = 0$.

Gràficament

**Plot[{(3 x - 13) / 4, (-13 + 3 x) / 4}, {x, -1, 5}]**

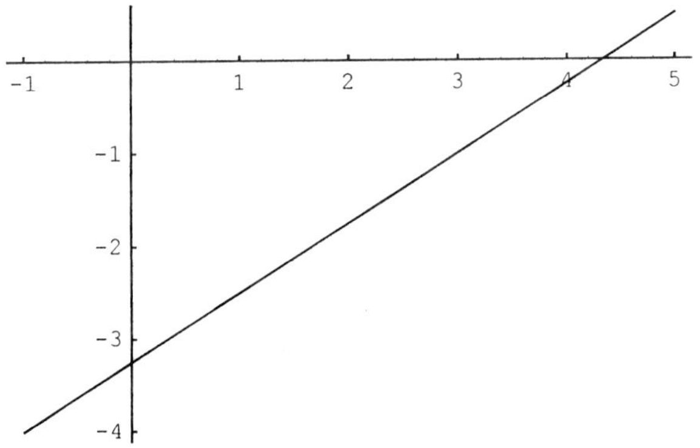


es tracta de dues rectes coincidents, per tant la solució és la recta $y = (3x - 13)/4$.

Quant el sistema és incompatible, *Mathematica* no trau cap solució

$\mathbf{Solve}\left[\left\{3x - 4y == 13, -\frac{3}{2}x + 2y == 10\right\}, \{x, y\}\right]$

{}

$\mathbf{A} = \left\{\{3, -4\}, \left\{-\frac{3}{2}, 2\right\}\right\};$

**b = {13, 10};**

**Solve[A.{x, y} == b, {x, y}]**

{}

o ens avisa que no hi ha solució

**LinearSolve[A, b]**

LinearSolve::nosol : Linear equation encountered which has no solution.

$\text{LinearSolve}\left[\left\{\{3, -4\}, \left\{-\frac{3}{2}, 2\right\}\right\}, \{13, 10\}\right]$

Gràficament

**Plot[{(3 x - 13) / 4, (-10 + 3 x / 2) / 2}, {x, -1, 5}]**

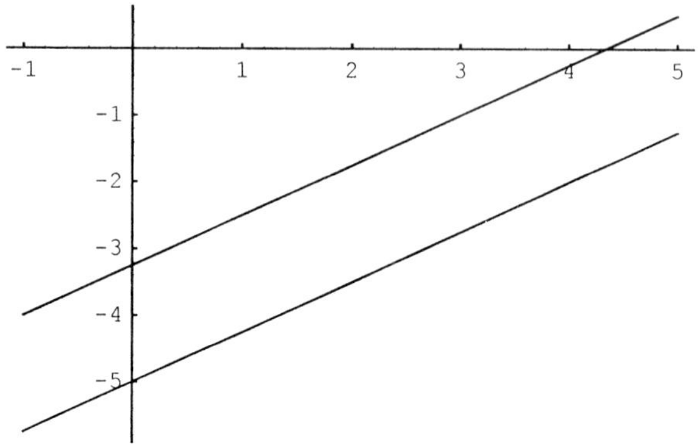


es tracta de dues rectes paral·leles, per tant, no es tallen en cap punt.

## ■ Resolució d'equacions no lineals

Per a resoldre equacions o sistemes d'equacions no lineals utilitzarem la instrucció **Solve[]** per a obtindre la solució de forma exacta i **NSolve[]** per a obtindre-la de forma aproximada. Per exemple

$$\texttt{Solve}\left[\frac{1}{\sqrt{x}} + \frac{1}{x} == 3, x\right]$$

$$\left\{\left\{x \to \frac{1}{18}\left(7 + \sqrt{13}\right)\right\}\right\}$$

$$\texttt{NSolve}\left[\frac{1}{\sqrt{x}} + \frac{1}{x} == 3, x\right]$$

{{x → 0.589197}}

Per a resoldre-ho gràficament, buscarem la intersecció de la funció $\frac{1}{\sqrt{x}} + \frac{1}{x} - 3$ amb l'eix *X*

$$\texttt{Plot}\left[\frac{1}{\sqrt{x}} + \frac{1}{x} - 3, \{x, 0, 1\}\right]$$

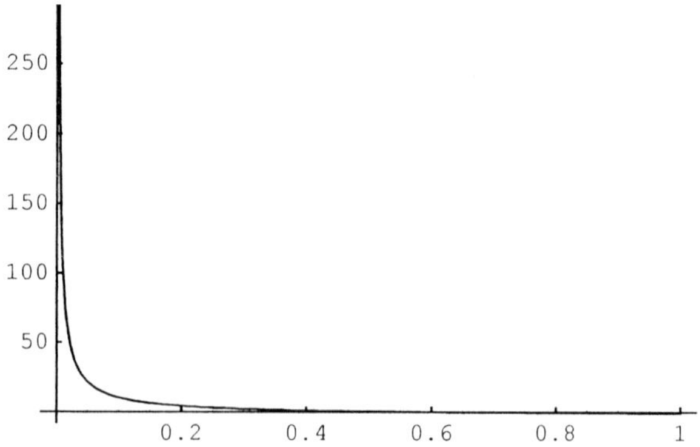

Com no podem apreciar quin és el punt de tall amb l'eix $X$, però vegem que es troba entre 0.3 i 0.9, tornarem a representar, però disminuint l'interval a [0.3, 0.9]

$$\texttt{Plot}\left[\frac{1}{\sqrt{x}} + \frac{1}{x} - 3, \{x, 0.3, 0.9\}\right]$$

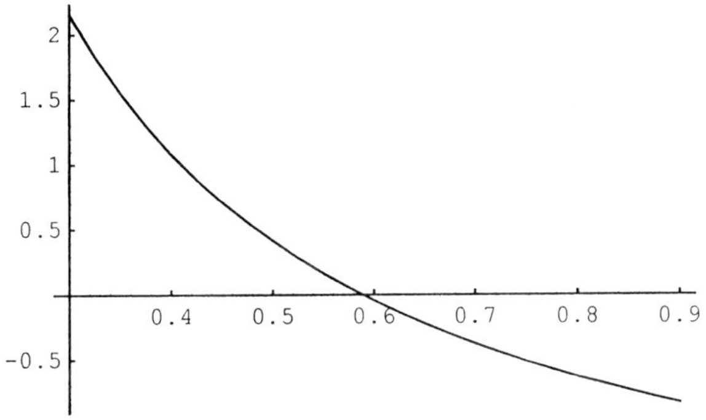


D'on deduïm que la solució de l'equació $\frac{1}{\sqrt{x}} + \frac{1}{x} = 3$ és aproximadament $x = 0.59$.

## ■ Resolució d'equacions en diferències

Per a resoldre equacions en diferències, *Mathematica* ha dissenyat el *package RSolve* que s'ha de carregar

```
<<DiscreteMath`RSolve`
```

La instrucció d'aquest *package* que resol equacions en diferències és **RSolve[]** i funciona de forma similar a **DSolve[]**.

La sintaxi és *RSolve[{eqn1, eqn2, ... }, {a1, a2, ... }, n]* on les *eqn* són les equacions, les *a* són les funcions que volem calcular i *n* la variable discreta. Vegem alguns exemples.

La solució de l'equació $a(n+1) = 2\,a(n)$, $n = 1, 2, \ldots$ és

```
RSolve[a[n+1] == 2 a[n], a[n], n]
```

$\{\{a[n] \to 2^n\, C[1]\}\}$

La solució de l'equació $a(n+1) = 2\,a(n)$, $a(0) = 5$, $n = 1, 2, \ldots$ és

```
RSolve[{a[n+1] == 2 a[n],
        a[0] == 5}, a[n], n]
```

$\{\{a[n] \to 5\, 2^n\}\}$

La solució de l'equació de Fibonacci $a(n) = a(n-1) + a(n-2)$, $a(0) = 1$, $a(1) = 1$, $n = 1, 2, \ldots$ és

```
RSolve[{a[n] == a[n-1] + a[n-2],
        a[0] == 1,
        a[1] == 1}, a[n], n]
```

$$\left\{\left\{a[n] \to \frac{2^{-1-n}\left(\left(1\quad\sqrt{5}\right)^{1+n}+\left(1+\sqrt{5}\right)^{1+n}\right)}{\sqrt{5}}\right\}\right\}$$

La solució del sistema d'equacions en diferències

$a(n+1) - 3\,b(n) - 4\,a(n) = 1,$
$a(n+1) + b(n+1) + b(n) = n,$
$a(0) = 0,$
$b(0) = 0.$

és

```
RSolve[{a[n+1] - 3 b[n] - 4 a[n] == 1,
        a[n+1] + b[n+1] + b[n] == n,
        a[0] == 0,
        b[0] == 0}, {a[n], b[n]}, n]
```

$$\left\{\left\{a[n] \to \frac{1}{6}\left(-8 - (-2)^n + 9\,2^n - 6\,n\right),\ b[n] \to \frac{1}{3}\left(2 + (-2)^n\quad 3\,2^n + 3\,n\right)\right\}\right\}$$

## Models discrets

### ■ Dibuixar punts amb *Mathematica*: *ListPlot* i *MultipleListPlot*

Amb la instrucció `ListPlot[]`, *Mathematica* permet dibuixar una llista de punts en un gràfic. Considerem la següent llista i dibuixem-la.

```
llista = {1, 3, 2, 5, 6, -1, 3};
ListPlot[llista, PlotStyle -> PointSize[0.02]];
```

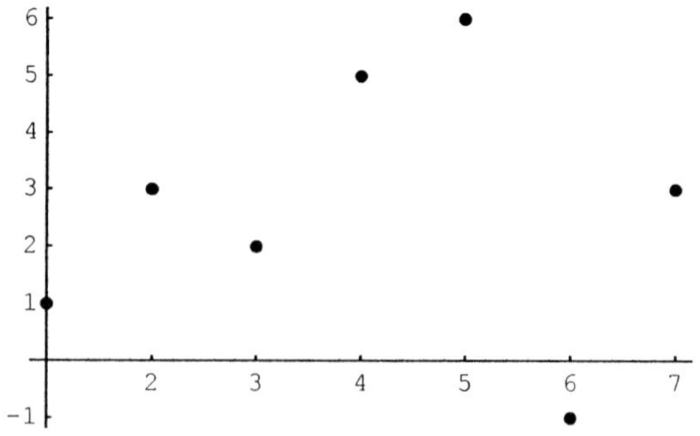

Podem ajuntar els punts amb una línia usant l'opció **PlotJoined->True**.

```
ListPlot[llista, PlotJoined → True];
```

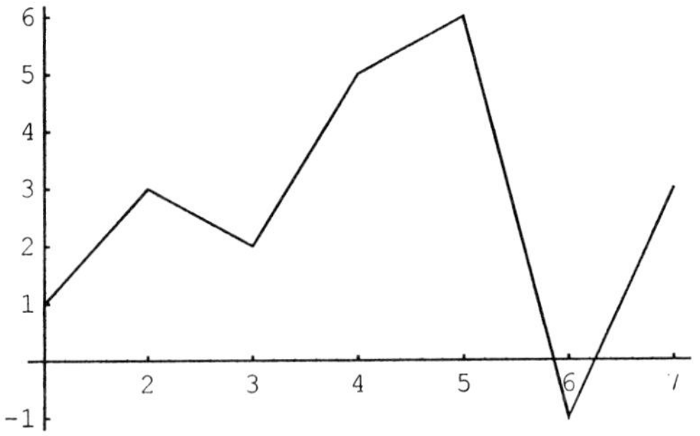


En l'exemple que hem vist, *Mathematica* tradueix **llista** a la llista següent

```
{{1, 1}, {2, 3}, {3, 2}, {4, 5}, {5, 6}, {6, -1}, {7, 3}}
```

és a dir, li afegeix un índex a la primera component, abans de dibuixar-la. Això vol dir que podem dibuixar llistes de parelles d'elements. Vegem-ho.

```
llista2 = {{1, -3}, {-1, 3}, {3, 4}, {3, 3},
   {1, -2}, {-1, 0}, {2, 4}, {2, 5}, {1, -2}, {0, 1}};
ListPlot[llista2, PlotStyle -> PointSize[0.02]];
```

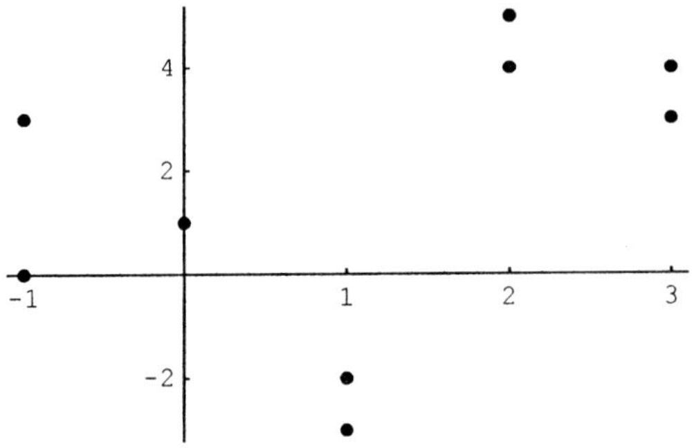


Si el que volem és dibuixar dues llistes en la mateixa gràfica, haurem de fer ús del *package*

```
<<Graphics`MultipleListPlot`
```

Considerem dues llistes

```
lis1 = {{0, 0}, {0.1, 0.587}, {0.2, 0.951}, {0.3, 0.95}, {0.4, 0.58}, {0.5, 0},
   {0.6, -0.58}, {0.7, -0.95}, {0.8, -0.95}, {0.9, -0.58}, {1, 0}};
lis2 = {{0, 1}, {0.1, 0.8}, {0.2, 0.3}, {0.3, -0.3}, {0.4, -0.81},
   {0.5, -1}, {0.6, -0.81}, {0.7, -0.31}, {0.8, 0.31}, {0.9, 0.81}, {1, 1}};
```

i les dibuixem juntes

```
MultipleListPlot[lis1, lis2];
```

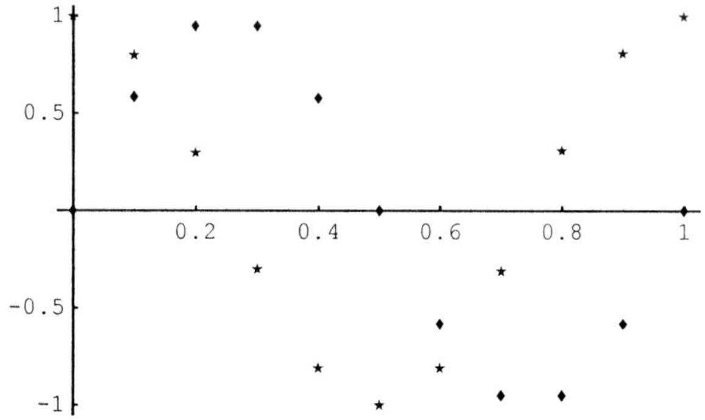


La veritat, és que a pesar que cada gràfica és dibuixada amb tipus diferents de punts, queda una miqueta embolicada. Per a poder desembolicar-la, usarem l'opció `PlotJoined→True`. Vegem

```
MultipleListPlot[lis1, lis2, PlotJoined→True];
```

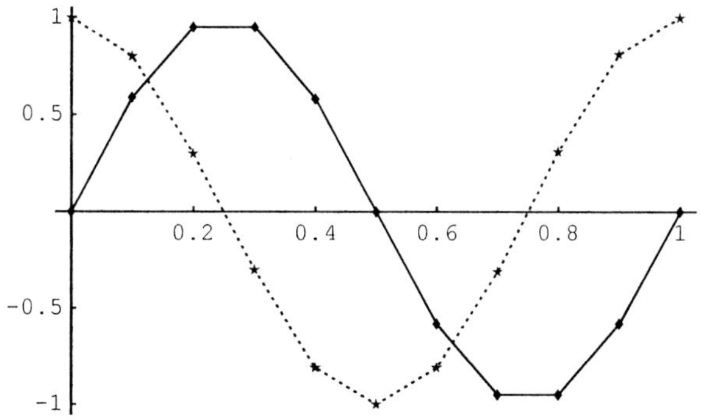


## ■ Interés i acumulació d'interés

Exemple 1:

Si rebem un préstec de 10000€ que hem de tornar a una taxa d'interés anual del 5%, quan transcórrega un any haurem de pagar

```
Print[10000 * (1 + 0.05), " €"];
10500. €
```

Exemple 2:

Si rebem un préstec de 10000€ que hem de tornar a una taxa d'interés del 5% anual composta quadrimestralment, quan transcórrega un any haurem de pagar

$$\texttt{Print}\left[10000 * \left(1 + \frac{0.05}{3}\right)^3, \text{" €"}\right];$$

10508.4 €

Exemple 3:

Si rebem un préstec de 10000€ que hem de tornar a una taxa d'interés del 5% anual composta contínuament, quan transcórrega un any haurem de pagar

$$\texttt{Print}[10000 * e^{0.05}, \text{" €"}];$$

10512.7 €

Exemple 4:

Si rebem un préstec de 10000€ que hem de tornar a una taxa d'interés del 5% anual composta contínuament, quan transcórreguen $t$ anys haurem de pagar

$$\texttt{Print}[10000 * e^{0.05*t}, \text{" €"}];$$

$10000\, e^{0.05\, t}$ €

Exemple 5:

Si invertim 400€ al principi de cadascun dels propers 30 mesos. Quin capital obtindrem al final dels 30 mesos si la taxa d'interés nominal anual és del 5% composta mensualment?

Al final dels 30 mesos obtindrem

$$400 \sum_{i=1}^{30} \left(1 + \frac{0.05}{12}\right)^i \text{€}.$$

Fixem-nos que el que tenim és la suma dels 30 primers termes d'una successió geomètrica.

Recordem que la suma dels $n$ primers termes de la successió geomètrica

$$r, r^2, r^3, \ldots, r^n, \ldots$$

és

$$\sum_{i=1}^{n} r^i = \frac{r^{n+1} - r}{r - 1}.$$

Per tant

$$400 \sum_{i=1}^{30} \left(1 + \frac{0.05}{12}\right)^i = 400 \frac{\left(1 + \frac{0.05}{12}\right)^{31} - \left(1 + \frac{0.05}{12}\right)}{1 + \frac{0.05}{12} - 1}$$

Si fem els càlculs amb *Mathematica*

$$\texttt{Print}\left[\text{"}400 * \frac{\left(1 + \frac{0.05}{12}\right)^{31} - \left(1 + \frac{0.05}{12}\right)}{\frac{0.05}{12}} = \text{"}, 400 * \frac{\left(1 + \frac{0.05}{12}\right)^{31} - \left(1 + \frac{0.05}{12}\right)}{\frac{0.05}{12}}\right];$$

$$400 * \frac{\left(1 + \frac{0.05}{12}\right)^{31} - \left(1 + \frac{0.05}{12}\right)}{\frac{0.05}{12}} = 12807.1$$

Així que al cap de 30 mesos obtindrem 12807.1 €.

També podríem haver fet els càlculs directament amb *Mathematica* de la forma següent

$$400 * \sum_{i=1}^{30} \left(1 + \frac{0.05}{12}\right)^{i}$$

```
12807.1
```

que efectivament, dóna el mateix.

Exemple 6:

Suposem que, a partir del mes que ve, anem a rebre 400€ a principi de cada mes de forma perpètua (quan morim algun hereu nostre rebrà la mateixa quantitat, quan ell mora, un hereu seu i així successivament). Si la taxa d'interés nominal anual és del 5% composta mensualment, quin és el valor actual d'aquest flux perpetu?

Fixem-nos que tenim una quantitat infinita d'ingressos. El que haurem de fer és calcular el valor actual de cadascun d'aquests ingressos i després sumar-los per a obtenir el valor actual de tot el flux.

El valor actual del flux perpetu és

$$400 \sum_{i=1}^{\infty} \left(1 + \frac{0.05}{12}\right)^{-i} \text{€}.$$

Fixem-nos que el que tenim és la suma dels infinits termes d'una successió geomètrica.

Recordem que la suma dels infinits termes de la successió geomètrica

$$r, r^2, r^3, \ldots, r^n, \ldots$$

és, utilitzant el que val la suma dels $n$ primers termes d'una successió geomètrica vista en l'exemple anterior

$$\sum_{i=1}^{\infty} r^i = \lim_{n\to\infty} \sum_{i=1}^{n} r^i = \lim_{n\to\infty} \frac{r^{n+1} - r}{r - 1} \underset{\text{Si } |r|<1}{=} \frac{r}{1 - r}. \qquad (1)$$

Insistim en què la suma dels infinits termes d'una successió geomètrica sols es pot calcular en el cas en què el valor absolut de la raó siga menor que 1. En altre cas, la suma divergirà (serà infinita).

En el cas en què la successió geomètrica siga de la forma

$$r^{-1}, r^{-2}, r^{-3}, \ldots, r^{-n}, \ldots$$

podem utilitzar el que hem raonat abans fent

$$\sum_{i=1}^{\infty} r^{-i} = \sum_{i=1}^{\infty} \left(\frac{1}{r}\right)^{i}$$

i ara, sempre que $\left|\frac{1}{r}\right| < 1$, podem fer la seua suma utilitzant la fórmula (1) i tenint en compte que la raó és $\frac{1}{r}$,

$$\sum_{i=1}^{\infty} r^{-i} = \sum_{i=1}^{\infty} \left(\frac{1}{r}\right)^{i} \underset{(1)}{=} \frac{\frac{1}{r}}{1 - \frac{1}{r}} = \frac{r^{-1}}{1 - r^{-1}}$$

Tornant al nostre problema i utilitzant aquesta expressió, el valor actual d'aquest flux perpetu és

$$\texttt{Print["400 } \sum_{i=1}^{\infty}\left(1+\frac{0.05}{12}\right)^{-i} = 400\frac{(1+\frac{0.05}{12})^{-1}}{1-(1+\frac{0.05}{12})^{-1}} = \texttt{", } 400\,\frac{(1+\frac{0.05}{12})^{-1}}{1-(1+\frac{0.05}{12})^{-1}}\texttt{, "€"]}$$

$$400 \sum_{i=1}^{\infty}\left(1+\frac{0.05}{12}\right)^{-i} = 400\frac{(1+\frac{0.05}{12})^{-1}}{1-(1+\frac{0.05}{12})^{-1}} = 96000.€$$

També podríem fer la suma de la sèrie directament amb *Mathematica* utilitzant la instrucció

$$\texttt{Limit}\left[\texttt{Sum}\left[400\left(1+\frac{0.05}{12}\right)^{-i}, \{i, 1, n\}\right], n \to \infty\right]$$

```
96000
```

obtenint el mateix resultat.

## ■ Mínims quadrats

*Mathematica* permet calcular funcions que s'ajusten a unes dades donades pel sistema de mínims quadrats. La funció que ho fa possible és `Fit[]`. La sintaxi d'aquesta funció és *Fit[dades, funcions,var]* on les *dades* són parelles de punts del pla que s'han d'ajustar, *funcions* les funcions que faran l'ajust i *var* la variable de les funcions d'ajust. Vegem alguns exemples.

Suposem que tenim els punts següents que volem ajustar

```
punts = {{0, -1}, {1, 2}, {3, 7}, {4, 6}, {7, 9}, {11, 14}};
```

Aquests punts dibuixats en el pla són

```
plotpoints = ListPlot[punts, PlotStyle -> PointSize[0.02]];
```

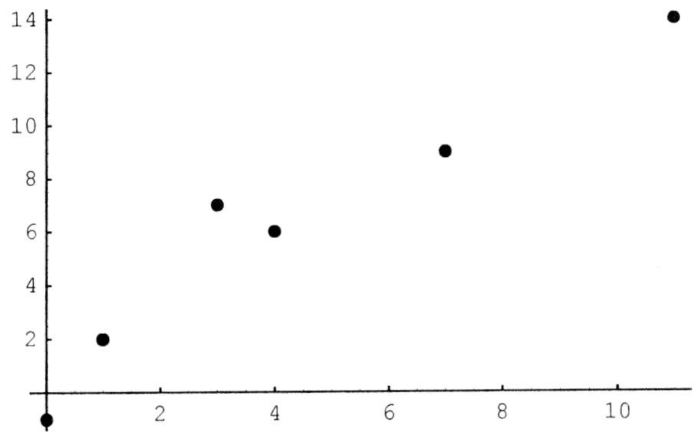


Els ajusts poden fer-se amb les funcions que vulguem, encara que algunes s'ajustaran millor que altres. Vegem-ho. En aquest primer cas, anem a ajustar per un polinomi de grau 1

```
grau1 = Fit[punts, {1, x}, x]
0.776 + 1.244 x
```

Aquest polinomi de grau 1, $0.776 + 1.244x$, és la recta que passa més prop (globalment) dels punts de *punts*

```
plotline = Plot[grau1, {x, -3, 14}, DisplayFunction → Identity];
```

`DisplayFunction→Identity` fa que no es dibuixe la funció perquè ho farem ara tot seguit.

A continuació presentem el gràfic amb els punts i la recta. L'ajust és bo.

```
Show[plotpoints, plotline];
```

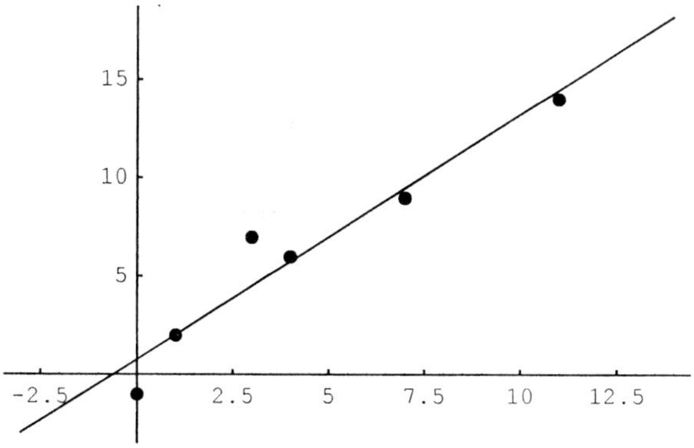


Podríem fer-ho amb un polinomi de grau dos

```
grau2 = Fit[punts, {1, x, x^2}, x]
plotline = Plot[grau2, {x, -3, 14}, DisplayFunction → Identity];
Show[plotpoints, plotline];
```

$-0.113262 + 1.89613\,x - 0.0592841\,x^2$

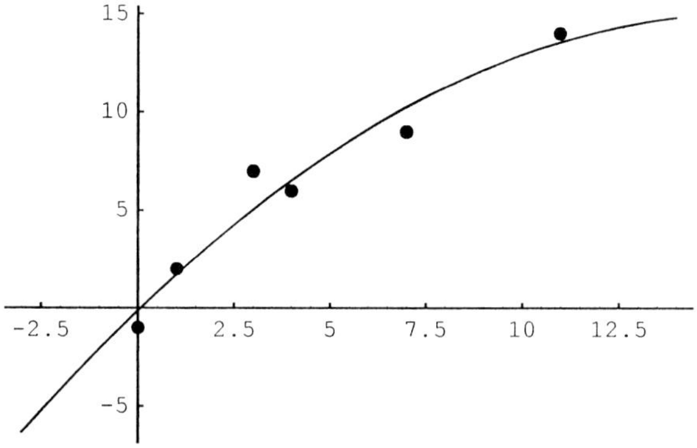


que també pareix ajustar-se bé. Encara que en els exemples les funcions són polinomis, es pot posar qualsevol tipus de funció.

# Àlgebra lineal

## ■ Generació de matrius

De vegades ens fa falta generar matrius mitjançant una certa regla numérica. Per exemple, si volem generar una matriu quadrada d'ordre tres que continga en la posició $(i, j)$ el valor $(-1)^{i+j} \cdot i \cdot j$, s'utilitza l'ordre `Table[]`

```
Table[(-1)^(i+j) * i * j, {i, 1, 3}, {j, 1, 3}] // MatrixForm
```

$$\begin{pmatrix} 1 & -2 & 3 \\ -2 & 4 & -6 \\ 3 & -6 & 9 \end{pmatrix}$$

## ■ Càlcul de determinants

Per a calcular el determinant d'una matriu (quadrada) s'utilitza l'ordre `Det[]`

```
A = {{1, 0, 2, 8, 0}, {2, 1, 4, 4, 3},
   {5, 6, 10, 0, 1/2}, {0, 0, 5, -3, 1}, {0, -1, 0, -2, 0}};
Det[
 A]
```

745

```
B = {{1, x, x^2}, {0, 1, -x}, {1/2, 0, x/2}};
Det[B]
```

$\frac{x}{2} - x^2$

Amb aquesta ordre podem obtenir les fórmules per a calcular el determinant de matrius quadrades d'ordre dos

```
Det[ {{a, b}, {c, d}} ]
```

-b c + a d

o tres (regla de Sarrus)

```
m = Array[a, {3, 3}];
Det[ m ]
```

```
-a[1, 3] a[2, 2] a[3, 1] + a[1, 2] a[2, 3] a[3, 1] + a[1, 3] a[2, 1] a[3, 2] -
 a[1, 1] a[2, 3] a[3, 2] - a[1, 2] a[2, 1] a[3, 3] + a[1, 1] a[2, 2] a[3, 3]
```

## ■ Càlcul del rang d'una matriu

Recordem que el rang d'una matriu d'ordre $n \times m$ és el nombre de files o columnes linealment independents. A més a més, es pot provar que aquest càlcul es pot fer per files o per columnes, perquè coincideix. Aleshores si $n \leq m$, es tindrà que $\text{Rang}(A) \leq n$.

Per a fer el càlcul pràctic del rang d'una matriu, el més senzill és calcular-lo mitjançant els seus menors, perquè el rang és la grandària del major menor no nul que tinga la matriu.

Per exemple, com la matriu següent $A$ és d'ordre $4 \times 5$, el seu rang serà com a màxim 4

```
A = {{1, 2, 0, 1, 3}, {0, 10, 1, 0, 3},
   {1, 1, 1, 0, -1}, {0, 0, 2, 1, 0}} // MatrixForm
```

$$\begin{pmatrix} 1 & 2 & 0 & 1 & 3 \\ 0 & 10 & 1 & 0 & 3 \\ 1 & 1 & 1 & 0 & -1 \\ 0 & 0 & 2 & 1 & 0 \end{pmatrix}$$

Amb l'ordre següent calculem els menors d'ordre quatre

```
A = {{1, 2, 0, 1, 3}, {0, 10, 1, 0, 3}, {1, 1, 1, 0, -1}, {0, 0, 2, 1, 0}};
Minors[A, 4]
{{31, 74, 37, 13, 7}}
```

i com que hi ha almenys un menor d'ordre quatre no nul (en realitat tots els menors d'ordre quatre són no nuls), es té que $\text{Rang}(A) = 4$.

Considerem ara la matriu $B$ de grandària $3 \times 4$

```
B = {{2, 1, 1, 3}, {3, 4, -1, 2}, {1, 1, 0, 1}};
Minors[B, 3]
{{0, 0, 0, 0}}
```

com tots els menors d'ordre tres són nuls, el seu rang és com a màxim 2. I de fet, $\text{Rang}(B) = 2$ ja que, té almenys un menor d'ordre dos no nul

```
B = {{2, 1, 1, 3}, {3, 4, -1, 2}, {1, 1, 0, 1}};
Minors[B, 2]
{{5, -5, -5, -5, -10, 5}, {1, -1, -1, -1, -2, 1}, {-1, 1, 1, 1, 2, -1}}
```

Considerem finalment un exemple on el rang s'ha de calcular en funció d'un paràmetre:

```
M = {{1, 2, 1, 1}, {-1, 1, 0, 1}, {0, -3, -k, -3}, {1, 2, k, k}};
Minors[M, 4]
{{-6 + 9 k - 3 k^2}}
```

Aleshores com que

```
Solve[-6 + 9 k - 3 k^2 == 0, k]
{{k → 1}, {k → 2}}
```

si $k \in \mathbb{R} - \{1, 2\}$, la matriu $M$ té un menor (l'únic) d'ordre quatre no nul i per tant $\text{Rang}(M) = 4$. Estudiem els casos $k = 1$ i $k = 2$

```
M1 = {{1, 2, 1, 1}, {-1, 1, 0, 1}, {0, -3, -1, -3}, {1, 2, 1, 1}};
M2 = {{1, 2, 1, 1}, {-1, 1, 0, 1}, {0, -3, -2, -3}, {1, 2, 2, 2}};
Minors[M1, 3]
Minors[M2, 3]
{{0, -3, -1, 1}, {0, 0, 0, 0}, {0, 0, 0, 0}, {0, -3, -1, 1}}
{{-3, -3, 1, 2}, {3, 3, -1, -2}, {-3, -3, 1, 2}, {0, 0, 0, 0}}
```

en conseqüència, en ambdós casos Rang($M$) = 3.

## ■ Matriu inversa

Per a calcular la inversa d'una matriu (quadrada) s'utilitza l'ordre `Inverse[]`

```
A = {{1, 2, 3, 0}, {1, 0, 2, 3}, {3, 0, 4, 0}, {0, 0, 2, -4}};
Inverse[A] // MatrixForm
```

$$\begin{pmatrix} 0 & -\frac{8}{13} & \frac{7}{13} & -\frac{6}{13} \\ \frac{1}{2} & -\frac{5}{13} & -\frac{1}{26} & -\frac{15}{52} \\ 0 & \frac{6}{13} & -\frac{2}{13} & \frac{9}{26} \\ 0 & \frac{3}{13} & -\frac{1}{13} & -\frac{1}{13} \end{pmatrix}$$

Si la matriu és singular, és a dir, no té inversa (perquè el seu determinant és nul), *Mathematica* ens ho diu

```
B = {{1, 2, 3}, {4, 5, 6}, {7, 8, 9}};
Inverse[B] // MatrixForm
Inverse::sing : Matrix {{1, 2, 3}, {4, 5, 6}, {7, 8, 9}} is singular.
```

## ■ Càlcul del polinomi característic d'una matriu

El càlcul del polinomi característic d'una matriu (quadrada) es fa mitjançant l'ordre `CharacteristicPolynomial[]`

```
A = {{4, 1, 0, 1}, {2, 3, 0, 1}, {-2, 1, 2, 3}, {2, -1, 0, 5}};
CharacteristicPolynomial[A, λ]
```

$96 - 136\,\lambda + 68\,\lambda^2 \quad 14\,\lambda^3 + \lambda^4$

## ■ Càlcul dels valors i vectors propis d'una matriu

El càlcul de l'espectre d'una matriu (quadrada), és a dir, dels seus valors propis es fa mitjançant l'ordre `Eigenvalues[]`

```
A = {{4, 1, 0, 1}, {2, 3, 0, 1}, {-2, 1, 2, 3}, {2, -1, 0, 5}};
Eigenvalues[A]
{2, 2, 4, 6}
```

Observem que això és equivalent a

```
A = {{4, 1, 0, 1}, {2, 3, 0, 1}, {-2, 1, 2, 3}, {2, -1, 0, 5}};
Solve[CharacteristicPolynomial[A, λ] == 0, λ]
{{λ → 2}, {λ → 2}, {λ → 4}, {λ → 6}}
```

Mentre que per a determinar els vectors propis s'utilitza l'ordre **Eigenvectors[]**

```
A = {{4, 1, 0, 1}, {2, 3, 0, 1}, {-2, 1, 2, 3}, {2, -1, 0, 5}};
Eigenvectors[A]
{{0, 0, 1, 0}, {0, 0, 0, 0}, {-1, -1, 2, 1}, {2, 2, 1, 2}}
```

Però aquestes dues tasques es poden fer alhora mitjançant una única ordre **Eigensystem[]**

```
A = {{4, 1, 0, 1}, {2, 3, 0, 1}, {-2, 1, 2, 3}, {2, -1, 0, 5}};
Eigensystem[A]
{{2, 2, 4, 6}, {{0, 0, 1, 0}, {0, 0, 0, 0}, {-1, -1, 2, 1}, {2, 2, 1, 2}}}
```

on cal assenyalar que primer ens dóna els valors propis i després els vectors propis ordenats de forma que estan associats a casdascun dels valors propis, respectivament.

## ■ Diagonalitzar una matriu

Recordem que diagonalitzar una matriu quadrada $A$ consisteix a factoritzar-la com $A = PDP^{-1}$, sent $D$ i $P$ dues matrius del mateix ordre que $A$, de manera que $D$ és una matriu diagonal i està formada pels valors propis de $A$ i $P$ és una matriu invertible que té com a columnes els vectors propis associats als valors propis (seguint l'ordre en què estiguen col·locats els valors propis en la diagonal de la matriu $D$).

Per exemple, diagonalitzem la matriu $A = \begin{pmatrix} 1 & 0 & 0 \\ 4 & 3 & 1 \\ -4 & -3 & -1 \end{pmatrix}$, i comprovem el resultat. A continuació, les dues primeres instruccions calcularàn els valors i els vectors propis però no tornaràn cap resultat. La tercera instrucció, ens torna la matriu de pas $P$. I la quarta, la matriu diagonal $D$.

```
{λ, μ, η} = Eigenvalues[A = {{1, 0, 0}, {4, 3, 1}, {-4, -3, -1}}];
{u, v, w} = Eigenvectors[A];
Transpose[{u, v, w}] // MatrixForm
DiagonalMatrix[{λ, μ, η}] // MatrixForm
Inverse[Transpose[{u, v, w}]] // MatrixForm
```

$$\begin{pmatrix} 0 & 1 & 0 \\ -1 & -4 & -1 \\ 3 & 4 & 1 \end{pmatrix}$$

$$\begin{pmatrix} 0 & 0 & 0 \\ 0 & 1 & 0 \\ 0 & 0 & 2 \end{pmatrix}$$

$$\begin{pmatrix} 0 & \frac{1}{2} & \frac{1}{2} \\ 1 & 0 & 0 \\ 4 & -\frac{3}{2} & -\frac{1}{2} \end{pmatrix}$$

Ara comprovem que la diagonalització és correcta.

```
Transpose[{u, v, w}].DiagonalMatrix[{λ, μ, η}].
  Inverse[Transpose[{u, v, w}]] // MatrixForm
```

$$\begin{pmatrix} 1 & 0 & 0 \\ 4 & 3 & 1 \\ -4 & 3 & 1 \end{pmatrix}$$

Cal observar que si la comprovació l'haguérem de fer a mà, evitaríem el càlcul de la matriu inversa que és molt pesat, i estudiaríem si es compleix: $PD = AP$, cosa que és més curta.

Recordem que no tota matriu quadrada és diagonalitzable. Per exemple, la matriu $A$ de l'apartat anterior sobre valors i vectors propis no és diagonalitzable, ja que els seus vectors propis no són linealment independents (observem que *Mathematica* ens dona el vector nul entre aquests).

## ■ Potència d'una matriu

Si una matriu quadrada $A$ és diagonalitzable ($A = PDP^{-1}$) aleshores sabem que podem calcular la seua potència com $A^n = PD^nP^{-1}$ ja que

$$A^n = (PDP^{-1})(PDP^{-1})\cdots(PDP^{-1})(PDP^{-1}) = PD(P^{-1}P)D(P^{-1}P)\cdots D(P^{-1}P)DP^{-1} = PD^nP^{-1}$$

però si la matriu no és diagonalitzable aquesta tècnica no es pot aprofitar. Malgrat això, *Mathematica* té una ordre per a calcular la potència d'una matriu quadrada qualsevol, **MatrixPower[]**. Calculem com a exemple la potència dècima d'una matriu particular

```
A = {{1, 0, 2}, {-1, 0, 0}, {1, -1, 0}};
Print["A¹⁰ = ", MatrixPower[A, 10] // MatrixForm];
```

$$A^{10} = \begin{pmatrix} 2095 & -814 & 1846 \\ -923 & 358 & -814 \\ 1330 & -516 & 1172 \end{pmatrix}$$

## ■ L'exponencial d'una matriu

Per a calcular l'exponencial d'una matriu quadrada $A$, és a dir, $e^A$ s'utilitza l'ordre **MatrixExp[]**

```
A = {{2, 1}, {0, 1}};
Print["e^A = ", MatrixExp[A, 10] // MatrixForm];
```

$$e^A = \begin{pmatrix} e^{20} & -e^{10} + e^{20} \\ 0 & e^{10} \end{pmatrix}$$

# Funcions

## ■ Definició de funcions a trossos: la instrucció *Which*

Moltes vegades cal definir funcions a trossos, és a dir, funcions que segons l'interval en què ens menegem tenen comportaments diferents. La instrucció de *Mathematica* **Which[]** és la que ens permet definir funcions amb aquestes característiques. Aquesta instrucció té com a sintaxi *Which[test1, valor1, test2, valor2,...]* on comprova si el *test1* es satifà, si és així torna el *valor1*, si no, passa a comprovar si satisfà el *test2*, i així successivament.

Vegem un exemple. La funció següent és la identitat per a valors negatius i *sin(x)* per a valors positius.

```
f[x_] := Which[x < 0, x,
               x ≥ 0, Sin[x]]
```

La dibuixarem entre $-2\pi$ i $2\pi$ per a veure l'efecte del canvi d'una funció a l'altra en $x = 0$.

```
Plot[f[x], {x, -2π, 2π}];
```

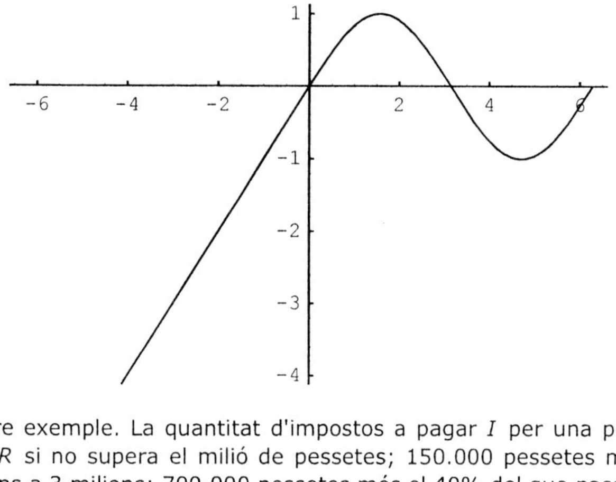


Un altre exemple. La quantitat d'impostos a pagar $I$ per una persona és: el 20% de la seua renda $R$ si no supera el milió de pessetes; 150.000 pessetes més el 30% del que passe del milió fins a 3 milions; 700.000 pessetes més el 40% del que passe de 3 milions.

Anem a escriure la funció d'impostos en funció de la renda, que serà la funció definida a trossos següent

```
Imp[R_] := Which[R ≤ 1000000,            R * 0.2,
                 1000000 < R ≤ 3000000,  150000 + 0.3 (R - 1000000),
                 R > 3000000,            700000 + 0.4 (R - 3000000)]
```

La dibuixarem per a veure els efectes de canvi entre funcions

```
Plot[Imp[R], {R, 0, 5000000}, AxesOrigin → {0, 0}];
```

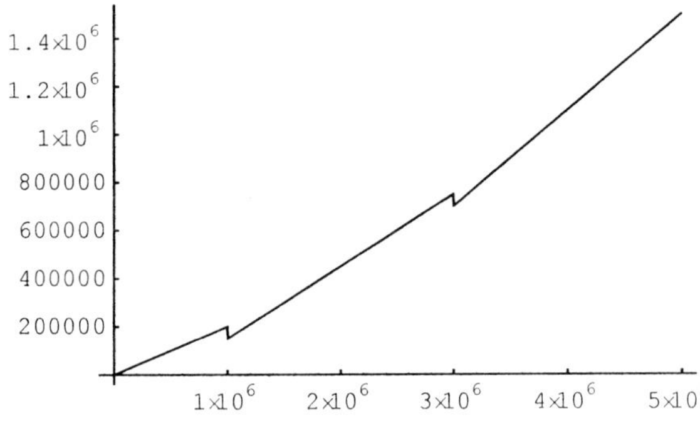


En els dos pics que apareixen, hauria d'haver una discontinuïtat (un salt) que *Mathematica* dibuixa contínuament.

## ■ Càlcul de límits

Per al càlcul de límits, *Mathematica* disposa de la instrucció **Limit[]** amb la sintaxi *Limit[expr,x->a]*, que calcula el valor del límit d'*expr* quan *x* tendeix a *a*. El valor d'*a* pot ser finit o infinit, com podem observar als exemples següents,

**Limit**$\left[\mathrm{Sin}[x],\ x \to \frac{\pi}{2}\right]$

1

**Limit**$[e^{-x},\ x \to \infty]$

0

**Limit**$[e^{-x} * x,\ x \to -\infty]$

$-\infty$

*Mathematica* també ens permet calcular límits laterals amb l'opció *Direction*. Si volem calcular el límit per l'esquerra escriurem *Direction->1*, i si el que volem és calcular el límit per la dreta, *Direction->-1.* Per exemple

**Limit**$\left[\frac{1}{x-2},\ x \to 2\right]$

$\infty$

aquest límit no existeix.

$$\texttt{Plot}\left[\frac{1}{x-2}, \{x, 1, 3\}\right];$$

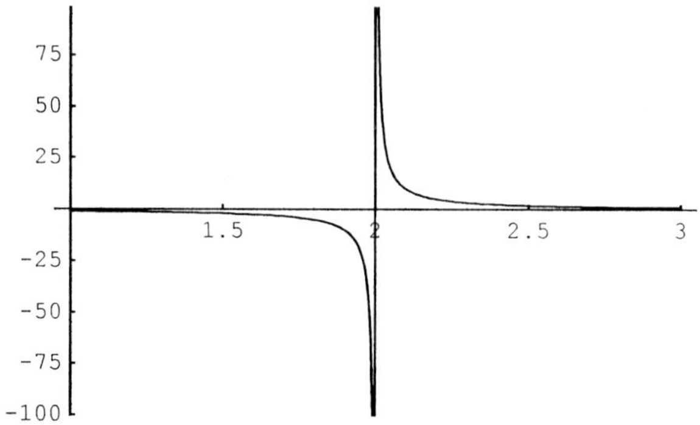


Això significa o que els límits laterals són distints o que algun d'aquests no existeix, comprovem-ho

$$\texttt{Limit}\left[\frac{1}{x-2}, x \to 2, \texttt{Direction} \to 1\right]$$

$-\infty$

$$\texttt{Limit}\left[\frac{1}{x-2}, x \to 2, \texttt{Direction} \to -1\right]$$

$\infty$

Del que deduïm que $\frac{1}{x-2}$ presenta una asímptota vertical en $x = 2$.

Si existeix el límit és perquè els límits laterals existeixen i són iguals,

```
Limit[Sin[x] / x, x → 0, Direction → 1]
```

1

```
Limit[Sin[x] / x, x → 0, Direction → -1]
```

1

per això

```
Limit[Sin[x] / x, x → 0]
```

1

Fins ara hem calculat límits de models continus, és a dir, quan la variable independent pot prendre qualsevol valor real (tenim funcions $f(x)$, amb $x$ un nombre real). Amb la mateixa instrucció podem calcular límits de models discrets (successions), és a dir, quan la variable independent sols pren valors naturals (1,2,...), que representem per $\{a(n); n = 1, 2, 3, \ldots\}$

Per exemple, anem a considerar la successió $\{a(n); n = 1, 2, 3, \ldots\}$, sent $a(n) = \left(1 + \frac{1}{n}\right)^n$. Per a calcular el valor al qual tendeix $a(n)$, quan $n$ tendeix a infinit, escrivim

```
Limit[(1 + 1/n)^n, n → ∞]
```

$$\text{Limit}\left[\left(1+\frac{1}{n}\right)^{n},\ n\to\infty\right]$$

e

## ■ Càlcul de derivades i derivades successives

Una forma de calcular derivades és amb la instrucció `D[]` amb la sintaxi *D[f[x],x]*. Per exemple

$$f[x\_] := \frac{(x^3 - 8\,x^2 + 7)^2}{x^2 - 1}$$

```
D[f[x], x]
```

$$\frac{2\,(-16\,x + 3\,x^2)\,(7 - 8\,x^2 + x^3)}{-1 + x^2} - \frac{2\,x\,(7 - 8\,x^2 + x^3)^2}{(-1 + x^2)^2}$$

També podem deduir les regles de derivació, per exemple la del producte

```
D[f1[x] * f2[x], x]
f2[x] f1'[x] + f1[x] f2'[x]
```

Podem calcular les derivades successives d'una funció utilitzant la sintaxi *D[f[x],{x,n}]*, que calcula la derivada *n*-èsima de *f*(*x*).

```
f[x_] := k Sin[x]

D[f[x], {x, 1}]
k Cos[x]

D[f[x], {x, 2}]
 k Sin[x]

D[f[x], {x, 20}]
k Sin[x]
```

Una altra forma de calcular la derivada de la funció anterior és

```
f'[x]
k Cos[x]

f''[x]
-k Sin[x]
```

Com cal esperar, hem obtingut el mateix resultat.

També podem avaluar directament derivades en un punt

```
f'[0]
k
```

## ■ Desenvolupaments de Taylor

Donada una funció $f(x)$ derivable en $x = a$ $n+1$-vegades, es pot expressar de la forma

$$f(x) = f(a) + f'(a)(x-a) + f''(a)\frac{(x-a)^2}{2!} + \cdots + f^{(n)}(a)\frac{(x-a)^n}{n!} + R_{n+1}(c)$$

per a un determinat $c$ proper a $a$. $R_{n+1}(c)$ és el residu de Lagrange i ve donat per

$$R_{n+1}(c) = f^{(n+1)}(c)\frac{(x-a)^{n+1}}{(n+1)!}$$

i

$$P_n f(x, a) = f(a) + f'(a)(x-a) + f''(a)\frac{(x-a)^2}{2!} + \cdots + f^{(n)}(a)\frac{(x-a)^n}{n!}.$$

és el polinomi de Taylor de grau $n$.

Les instruccions **Normal[Series[]]** amb la sintaxi Normal[Series[f[x],{x,a,n}]] ens proporcionen el polinomi de Taylor de com a molt grau $n$ de la funció $f(x)$ al voltant de $a$. Per exemple,

```
Normal[Series[Exp[x], {x, 0, 5}]]
```

$$1 + x + \frac{x^2}{2} + \frac{x^3}{6} + \frac{x^4}{24} + \frac{x^5}{120}$$

és el polinomi de Taylor de $e^x$ de grau 5 al voltant de 0.

Si ometem la instrucció **Normal[]** obtenim el polinomi de Taylor i l'ordre del residu de Lagrange

```
Series[Exp[x], {x, 0, 5}]
```

$$1 + x + \frac{x^2}{2} + \frac{x^3}{6} + \frac{x^4}{24} + \frac{x^5}{120} + O[x]^6$$

El polinomi de Taylor d'una funció ens dóna una aproximació de la funció prop del punt $a$. Com major siga el grau, $n$, millor serà l'aproximació.

## ■ Càlcul i classificació dels màxims i mínims d'una funció

Anem a desenvolupar dos exemples.

Exemple 1:

Obteniu els extrems (màxims i mínims) de la funció $y = \frac{x^3}{3} - 6x^2 + 32x$ definida en l'interval [0,12].

Com es tracta d'una funció definida en un interval tancat, haurem d'estudiar els punts crítics i els extrems de l'interval.

Comencem calculant els punts crítics, que són aquells que anul·len la primera derivada.

$$f[x\_] := \frac{x^3}{3} - 6x^2 + 32x$$

```
Solve[f'[x] == 0, x]
{{x → 4}, {x → 8}}
```

Així que els punts crítics són $x = 4$ i $x = 8$. Anem a veure si en aquests punts la funció té un màxim o mínim relatiu. Per això avaluem la segona derivada en aquests punts

```
f''[4]
-4

f''[8]
4
```

Com $f''(4) < 0$, en $x = 4$ $f(x)$ té un màxim i com $f''(8) > 0$, en $x = 8$ la funció té un mínim.

Anem a veure què ocorre als extrems. Avaluarem el que val la funció als extrems i als punts crítics

```
{f[0], f[4], f[8], f[12]}
```

$$\left\{0, \frac{160}{3}, \frac{128}{3}, 96\right\}$$

Així que el màxim i mínim absoluts es troben als extrems. Resumint, hem obtingut:

en $x = 0$, $f(x)$ té el mínim absolut, 0

en $x = 4$, $f(x)$ té un màxim relatiu, $\frac{160}{3}$

en $x = 8$, $f(x)$ té un mínim relatiu, $\frac{128}{3}$

en $x = 12$, $f(x)$ té el màxim absolut, 96.

Ho podem comprovar representant la funció

$$\text{Plot}\left[\frac{x^3}{3} - 6x^2 + 32x, \{x, 0, 12\}, \text{PlotRange} \to \{-1, 100\}\right]$$

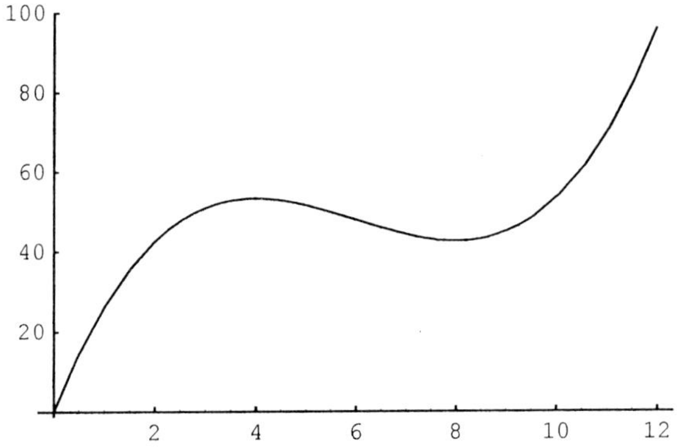


Exemple 2:

Obteniu els extrems (màxims i mínims) de la funció $y = x^4 - 8x^3 + 24x^2 - 32x + 16$.

Per a obtindre els candidats a extrems, anem a calcular els punts crítics.

```
g[x_] := x^4 - 8 x^3 + 24 x^2 - 32 x + 16

Solve[g'[x] == 0, x]
{{x → 2}, {x → 2}, {x → 2}}
```

L'únic punt crític és $x = 2$. Anem a analitzar el que passa en aquest punt amb el criteri de la segona derivada

```
g''[2]
0
```

Com la segona derivada en el punt crític ens dóna zero, no obtenim cap informació. Haurem d'utilitzar el criteri de la derivada $n$-èsima. Calcularem les derivades successives $g^{(n)}(x)$ fins a obtindre la primera que no s'anul·le

```
g'''[2]
0

g''''[2]
24
```

Com la primera derivada que no s'anul·la és la quarta, i quatre és un nombre parell, i a més $g^{(4)}(2) > 0$, en $x - 2$ la funció té un mínim relatiu.

Si dibuixem la funció

```
Plot[g[x], {x, -3, 5}]
```

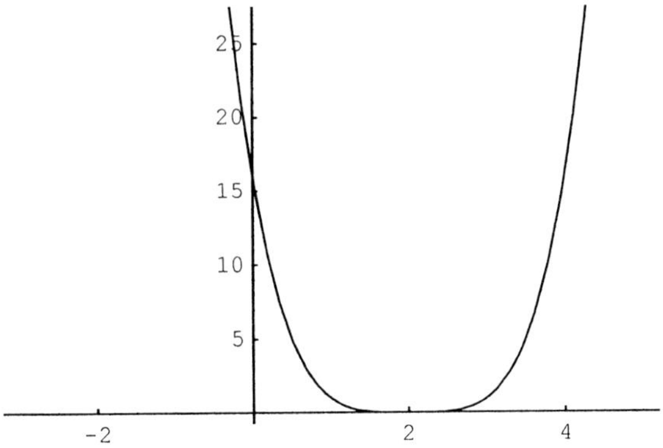


observem que el mínim és absolut.

Resumint, en $x = 2$, la funció $g(x)$ té un mínim absolut i no té cap màxim.

## ■ Càlcul d'integrals

*Mathematica* ens permet calcular integrals definides i indefinides amb la instrucció **`Integrate[]`**. Per al càlcul d'integrals indefinides utilitzarem la sintaxi *Integrate[f[x],x]*, per exemple

$$\texttt{Integrate}\left[\frac{1}{e^{x}\,(8+e^{-x})^{2}},\ x\right]$$

$$-\frac{e^{-2x}\,(1+8\,e^{x})}{8\,(8+e^{-x})^{2}}$$

Fixem-nos que *Mathematica* sols ens torna una primitiva. Per a obtindre-les totes haurem de sumar una constant d'integració, per tant

$$\int \frac{1}{e^{x}\,(8+e^{-x})^{2}}\,dx = -\frac{e^{-2x}\,(1+8\,e^{x})}{8\,(8+e^{-x})^{2}} + C$$

Quan la integral siga definida utilitzarem la sintaxi *Integrate[f[x],{x,a,b}]* o $\int_{\square}^{\square} \square\, d\square$ de la paleta, on *a* i *b* són els límits d'integració inferior i superior, respectivament.

Per a calcular $\int_0^p \frac{2x^3+x}{x^4+x^2+1}\,dx$ escrivim

$$\texttt{Integrate}\left[\frac{2\,x^{3}+x}{x^{4}+x^{2}+1},\ \{x,\ 0,\ p\}\right]$$

$$\frac{1}{2}\,\texttt{Log}[1+p^{2}+p^{4}]$$

La sintaxi no canvia si tenim una integral impròpia. Per exemple

$$\texttt{Integrate}\left[\frac{1}{x^{2}+1},\ \{x,\ -\infty,\ \infty\}\right]$$

$$\pi$$

# Miscel·lània

## ■ Comprovació que dos resultats són iguals

Moltes voltes ens ixen expressions que no semblen iguals, però que es fa necessari comprovar-ho. Per a això es pot usar **TrueQ[]** i **FullSimplify[]**.

**TrueQ[]** torna vertader (*True*) si la igualtat és certa o fals (*False*) si no ho és, encara que tornarà *False* si la cosa no està clara. En aquests casos caldrà usar **FullSimplify[]** per a facilitar a **TrueQ[]** la feina. Vegem-ne alguns exemples

$$\texttt{TrueQ}\left[\frac{x}{2} == \frac{1}{2}\,x\right]$$

```
True
```

$$\texttt{TrueQ}\left[\frac{x}{2} == \frac{1}{2}\,x^{2}\right]$$

```
False
```

Hi ha vegades, que si les expressions són un poc complicades torna *False* quan és vertader. Fem una descomposició en fraccions simples

$$\texttt{Apart}\left[\frac{1}{(3+x)\ (1+x)^3}\right]$$

$$\frac{1}{2\ (1+x)^3} \quad \frac{1}{4\ (1+x)^2} + \frac{1}{8\ (1+x)} - \frac{1}{8\ (3+x)}$$

Per tant, l'expressió següent hauria de ser vertadera

$$\texttt{TrueQ}\left[\frac{1}{(3+x)\ (1+x)^3} == \frac{1}{2\ (1+x)^3} - \frac{1}{4\ (1+x)^2} + \frac{1}{8\ (1+x)} - \frac{1}{8\ (3+x)}\right]$$

```
False
```

però dóna falsa. Per a salvar aquest tipus de contingències, hem d'usar `FullSimplify[]`.

$$\texttt{TrueQ}\left[\frac{1}{(3+x)\ (1+x)^3} == \texttt{FullSimplify}\left[\frac{1}{2\ (1+x)^3} - \frac{1}{4\ (1+x)^2} + \frac{1}{8\ (1+x)} - \frac{1}{8\ (3+x)}\right]\right]$$

```
True
```

Per a matrius també és vàlid

$$m = \begin{pmatrix} 1 & 6 \\ 3 & 2 \end{pmatrix};$$

```
TrueQ[m.Inverse[m] == IdentityMatrix[2]]
True
```

## ■ Descomposició en fraccions simples

La descomposició en fraccions simples es pot fer en *Mathematica* amb la funció `Apart[]`. Per exemple

$$\texttt{Apart}\left[\frac{1}{(3+x)\ (1+x)^3}\right]$$

$$\frac{1}{2\ (1+x)^3} \quad \frac{1}{4\ (1+x)^2} + \frac{1}{8\ (1+x)} - \frac{1}{8\ (3+x)}$$

Això vol dir que

$$\texttt{Print}\left["\frac{1}{(3+x)\ (1+x)^3} = ", \texttt{Apart}\left[\frac{1}{(3+x)\ (1+x)^3}\right]\right]$$

$$\frac{1}{(3+x)\ (1+x)^3} = \frac{1}{2\ (1+x)^3} - \frac{1}{4\ (1+x)^2} + \frac{1}{8\ (1+x)} - \frac{1}{8\ (3+x)}$$

L'operació contrària a `Apart[]` és `Together[]`. Vegem-ho fent el contrari que l'exemple anterior.

$$\text{Together}\left[\frac{1}{2\,(1+x)^3}-\frac{1}{4\,(1+x)^2}+\frac{1}{8\,(1+x)}-\frac{1}{8\,(3+x)}\right]$$

$$\frac{1}{(1+x)^3\,(3+x)}$$

## ■ Binomi de Newton i fórmules derivades d'aquest

El binomi de Newton és el corresponent a la fórmula

$$(a+b)^n = \binom{n}{0} a^n + \binom{n}{1} a^{n-1}\,b + \binom{n}{2} a^{n-2}\,b^2 + \cdots + \binom{n}{n-2} a^2\,b^{n-2} + \binom{n}{n-1} a\,b^{n-1} + \binom{n}{n} b^n$$

on

$$\binom{n}{m} = \frac{n!}{m!\,(n-m)!}\,.$$

A continuació, anem a posar una sèrie d'igualtats derivades del binomi de Newton i que són molt utilitzades en operacions matemàtiques.

```
Print["(a+b)^2 = ", Expand[(a + b)^2]];
Print["(a-b)^2 = ", Expand[(a - b)^2]];
Print[""];
Print["(a+b)^3 = ", Expand[(a + b)^3]];
Print["(a-b)^3 = ", Expand[(a - b)^3]];
Print[""];
Print["(a+b)(a-b) = ", Expand[(a + b) (a - b)]];
Print[""];
Print["(a+b+c)^2 = ", Expand[(a + b + c)^2]];
```

$(a+b)^2 = a^2 + 2\,a\,b + b^2$

$(a-b)^2 = a^2 - 2\,a\,b + b^2$

$(a+b)^3 = a^3 + 3\,a^2\,b + 3\,a\,b^2 + b^3$

$(a-b)^3 = a^3 - 3\,a^2\,b + 3\,a\,b^2 - b^3$

$(a+b)\,(a-b) = a^2 - b^2$

$(a+b+c)^2 = a^2 + 2\,a\,b + b^2 + 2\,a\,c + 2\,b\,c + c^2$

Variant aquestes fórmules, podem obtindre l'expansió de l'expressió que desitgem.

## ■ Missatges d'error i d'advertiment de *Mathematica*

No hi ha molt de costum de llegir els missatges en roig o blau que dóna *Mathematica*, i que una llegida apropiada permetria corregir errades i estalviar desesperacions del tipus "no sé, no va" o "és que no m'ix".

D'altra banda, la sintaxi de *Mathematica* és de vegades difícil i és convenient comprovar cada cosa que escrivim per a no tindre errades.

Per a il·lustrar els errors i missatges més comuns, veurem uns exemples i interpretarem el que volen dir.

### Errors *General spell*

Quan apareix un avís *General spell* vol dir que *Mathematica* ha detectat que alguna de les paraules que hem escrit és molt semblant a alguna que ja porta definida *Mathematica* o una que hem definit nosaltres abans. Així *Mathematica* ens avisa que aquesta semblança pot ser perquè ens hagem enganyat en escriure-la.

Vegem un exemple en què definirem la variable *Numero* i després voldrem cridar-la com *numero.*

```
Numero = 30;

numero

General::spell1 : Possible spelling error: new symbol
   name "numero" is similar to existing symbol "Numero".

numero
```

Com es pot llegir en el missatge 'el nou símbol "numero" és semblant a l'existent símbol "Numero"'.

Això també pot ocórrer amb les funcions de *Mathematica*.

$$\text{sin}\left[\frac{\pi}{2}\right]$$

```
General::spell1 : Possible spelling error: new
   symbol name "sin" is similar to existing symbol "Sin".
```

$$\text{sin}\left[\frac{\pi}{2}\right]$$

Si ho haguérem escrit correctament seria

$$\text{Sin}\left[\frac{\pi}{2}\right]$$

1

### Errors de reutilització de variables

Aquest error ocorre amb molta freqüència i **sempre s'ha d'estar molt alerta**. Ja que durant una sessió *Mathematica* es guarda TOTES les variables i operacions que fem, resulta fàcil, sense voler, usar una variable que ja fa temps que hem usat i que té un valor assignat, per a altres coses, i és clar, el resultat que ix no té res a veure amb el que esperàvem.

Suposem que al principi de la sessió definim la variable *a* com

$$a = \begin{pmatrix} 1 & 2 \\ 3 & 4 \end{pmatrix};$$

i que al cap d'una hora, que ja no ens recordem que havíem definit la variable *a* i d'haver-hi fet operacions, volem calcular

$$\begin{pmatrix} a & b \\ c & d \end{pmatrix} . \begin{pmatrix} x \\ y \end{pmatrix} \text{ // MatrixForm}$$

```
Dot::rect : Non-rectangular tensor encountered.
{{{{1, 2}, {3, 4}}, b}, {c, d}}.{{x}, {y}}
```

Evidentment ens dóna un error, indicant que la matriu $\begin{pmatrix} a & b \\ c & d \end{pmatrix}$ no és una matriu rectangular i per tant no hi pot fer cap operació. I a més a més, no sabem que fa ací *{{1,2},{3,4}}* perquè ja no ens recordem de quan vam definir la variable *a* i que aquest era el seu valor assignat.

Per a salvar això, és convenient fer ús de la instrucció **Clear[]**, que neteja el contingut de les variables i ens evita errors, o el que és pitjor, resultats aparentment correctes que no tenen res a veure amb el bo.

Perquè l'anterior operació no ens produïsca error, hauríem de fer

**Clear[a];**

$$\begin{pmatrix} a & b \\ c & d \end{pmatrix} . \begin{pmatrix} x \\ y \end{pmatrix} \text{ // MatrixForm}$$

$$\begin{pmatrix} a\,x + b\,y \\ c\,x + d\,y \end{pmatrix}$$

i el resultat ara és correcte i no té cap error.

### Errors en multiplicar matrius

$$\begin{pmatrix} 2 \\ 3 \end{pmatrix} . \begin{pmatrix} a & b \\ c & d \end{pmatrix}$$

```
Dot::dotsh :
 Tensors {{2}, {3}} and {{a, b}, {c, d}} have incompatible shapes.
{{2}, {3}}.{{a, b}, {c, d}}
```

Aquest missatge d'error ens indica que el producte de matrius que volem fer NO es pot fer perquè la gràndaria de les matrius no és compatible.

### Errors en resoldre equacions

**Solve[Cos[x] == Sin[x], x]**

```
Solve::ifun : Inverse functions are being
   used by Solve, so some solutions may not be found.
```

$$\left\{\left\{x \to -\frac{3\pi}{4}\right\}, \left\{x \to \frac{\pi}{4}\right\}\right\}$$

La instrucció *Solve[]* intenta resoldre de forma exacta l'equació calculant inverses de les funcions sinus i cosinus, però això significa que les solucions sols es poden trobar en uns certs intervals. En poques paraules, *Mathematica* ens dóna unes solucions, encara que no totes, perquè no les pot trobar totes, però com sap que no les pot trobar totes ens ho diu.

### Errors al dibuixar funcions

També poden aparéixer errors quan es dibuixa una funció. Per exemple

```
Plot[Log[x], {x, -1, 10}];
Plot::plnr : Log[x] is not a machine-size real number at x = -1..
Plot::plnr : Log[x] is not a machine-size real number at x = -0.553763.
Plot::plnr : Log[x] is not a machine-size real number at x = -0.0671032.
General::stop :
 Further output of Plot::plnr will be suppressed during this calculation.
```

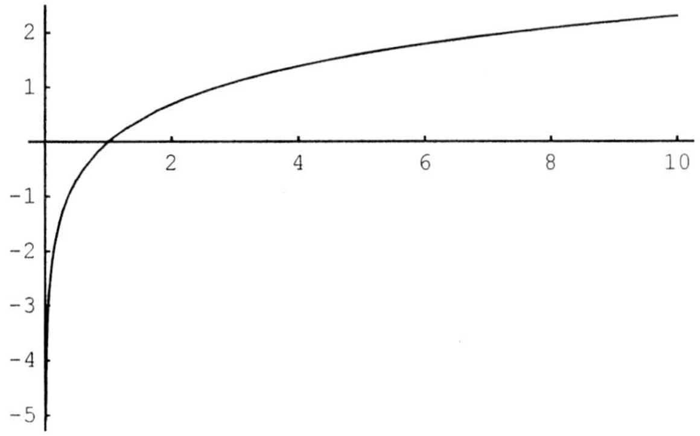


*Mathematica* ens indica que la funció logaritme no existeix per a alguns valors de l'interval en què volem dibuixar-la, en aquest cas, els valors no positius. Així i tot, la gràfica la dibuixa on pot fer-ho, encara que hi ha vegades que no dibuixa res.

## Bibliografia

**E. Castillo, A. Iglesias, J.M. Gutiérrez, E. Álvarez, A. Cobo**, *Mathematica* (serie 'Domine al 99%'), Paraninfo, 1994.

**C.J. Huang, P.S. Crooke**, Mathematics and *Mathematica* for Economists, Blackwell Publishers,1997.

**K. Sydsaeter, P.J. Hammond**, Matemáticas para el análisis económico, Prentice-Hall, 1996.

**S. Wolfram**, The *Mathematica* book, 4th edition, Cambridge University Press, 1999.